Motor
buch
Verlag

Einbandgestaltung:Sven Rauert

Bildnachweis: Die zur Illustration dieses Buches verwendeten Aufnahmen stammen – wenn nicht anderes vermerkt ist – vom Verfasser.

ISBN: 978-3-613-04857-7

3. Auflage 2026

Lektorat: Joachim Köster
Innengestaltung: Sven Rauert
Druck und Bindung: DZS Grafik
Printed in Slovenia

Inhalt

Vorwort

Die Schweizer Panzerwaffe bildete während des Kalten Krieges und der folgenden 1990er-Jahre einen wesentlichen Grundpfeiler unserer Verteidigungsfähigkeit. In den anschliessenden 2000er-Jahren stellte sie den Kern zum Erhalt unserer Verteidigungskompetenz dar – einen Kern, auf den es nun, angesichts des seit Februar 2022 tobenden Krieges in der Ukraine, wieder zurückzugreifen gilt, soll die Kompetenz zur vollen Verteidigungsfähigkeit ausgebaut werden können.

Die Ereignisse um Kiew, Charkiw und im Donbass zeigen, dass schwere Kräfte nach wie vor unverzichtbar sind – insbesondere, wenn es darum geht, Gelände zurückzugewinnen oder durchgebrochene Gegner aufzufangen. Beweglichkeit, Schutz und Feuerkraft, vereint in einem Fahrzeug und eingebunden in das Gefecht der verbundenen Waffen, bleiben seit dem Auftreten der ersten Panzer an der Westfront des Ersten Weltkrieges schlagende Argumente – auch wenn im Verlauf der Geschichte unzählige Male das Ende des Panzers prophezeit wurde.

Dennoch steht die Panzerwaffe heute vor neuen, gewaltigen Herausforderungen. Das Gefechtsfeld der Zukunft wird zunehmend transparenter: Lenkwaffen, Drohnen und Loiteringmunition bedrohen Kampfpanzer und ihre unterstützenden Systeme bereits auf grosse Distanz und stellen klassische Panzerkonzepte auf den Prüfstand. Die Antworten darauf liegen in Dezentralisierung, Tarnung, Täuschung, Drohnenabwehr, besserer Vernetzung, einem schnelleren Sensor-to-Shooter-Loop sowie in der Integration eigener Kampfdrohnen und Loiteringmunition in das Gefecht der verbundenen Waffen.

Gleichzeitig müssen unsere Systeme in den kommenden Jahren schrittweise erneuert, Fähigkeitslücken geschlossen und bestehende Fähigkeiten an die Anforderungen des modernen Gefechtsfeldes angepasst werden. Der Weg, der mit dem Werterhaltprogramm des Schützenpanzers 2000 und der Einführung des neuen Aufklärungsfahrzeugs EAGLE V begonnen wurde, ist konsequent weiterzuführen.

In den kommenden Jahren folgen wichtige neue Systeme wie der 12-cm-Mörser 16, das neue Gefechtsfahrzeug für die Panzersappeure (Pi Pz 21), die neue 15,5-cm-Radhaubitze 25 für die Artillerie sowie der erneute Werterhalt unserer Leopard 2A4 WE-Flotte.

Gelingt es uns, diese Herausforderungen zu meistern, so wird die Schweizer Armee auch in Zukunft über eine schlagkräftige, moderne und vor allem relevante Panzerwaffe verfügen – bereit, sich zu verteidigen, um nicht verteidigen zu müssen.

Par Saint Georges, vive la Cavalerie!

Divisionär Yves Gächter
Kommandant Heer

Einleitung und Dank

Nie gesehene Stahlkolosse durchbrachen im November 1917 an der Westfront bei Cambrai erstmals die deutschen Linien und brachten Bewegung in den bis dahin starren Stellungskrieg. Das Zeitalter der mechanisierten Kriegführung hatte begonnen.

Die Erfahrungen des Ersten Weltkriegs führten auch in der Schweizer Armee zu bescheidenen Anfängen einer Panzertruppe. Vor einem Jahrhundert, im März 1921, bewilligte das Parlament die Beschaffung von zwei Panzern des Typs Renault FT 17. Sie dienten allerdings vorerst nur Versuchs- und Vorführzwecken.

Während des Zweiten Weltkriegs formierten sich mit Panzerwagen 39 (LTL-H) erste Detachemente. Im Kalten Krieg entstanden mit dem Leichten Panzer 51 (AMX-13) Aufklärungsabteilungen sowie mit dem Panzer 55/57 (Centurion) Panzerregimenter, später mechanisierte Divisionen.

Aufgrund negativer Erfahrungen mit Rüstungsembargos wagte die Schweizer Industrie in den 1960er-Jahren mit dem verlässlichen Panzer 61 und dem sorgenbehafteten Panzer 68 den Alleingang.

Heute bilden die mechanisierten Brigaden mit schweren Panzern 87 Leopard und Schützenpanzern 2000 das Rückgrat der schweizerischen Landesverteidigung.

Die Autoren, beide Kader der mechanisierten Truppen, beleuchten die technische und geschichtliche Entwicklung der Panzerfahrzeuge der Schweizer Armee und berücksichtigen dabei auch die jüngste Zeit. Darüber hinaus findet der Leser eine Übersicht zur Organisation der Panzerwaffe von den Anfängen bis zur Gegenwart. Umfangreiches, teilweise seltenes Bildmaterial ergänzt das Werk und macht es zu einem kompakten Nachschlageband für Soldaten, Kader, Historiker und Waffenkundler.

Seit der Erstveröffentlichung dieses Buches im Jahr 2021 hat sich die weltpolitische Lage stark verändert, und auch im Bereich der Schweizer Panzerfahrzeuge ist vieles in Bewegung geraten. Neue Beschaffungsentscheide, technische Anpassungen und weiterentwickelte Strukturen prägen inzwischen das Erscheinungsbild der mechanisierten Truppen.

Die dritte, überarbeitete Auflage greift diese Entwicklungen auf und erweitert das Werk um zusätzliche Fahrzeugtypen, Modernisierungsschritte sowie aktuelle Erkenntnisse aus laufenden Projekten und Einsätzen. Ziel bleibt ein verlässliches und aktuelles Nachschlagewerk, das sowohl historische Entwicklungen als auch die jüngste Evolution der gepanzerten Systeme nachvollziehbar macht und damit einen vollständigen Überblick von 1921 bis heute bietet.

Mit gründlichen Informationen und technischen Angaben unterstützten uns tatkräftig Oberst Henri Habegger, Präsident VSAM (Verein Schweizer Armeemuseum), Daniel Stoop, Präsident Centurion Verein Schweiz, Urs Heller, Mitglied des Militärmuseums Wildegg, Christoph Zimmerli (www.wheelsandtracks.com) sowie die Bibliothek am Guisanplatz, Bern. Das umfangreiche Bildmaterial haben wir in zahlreichen Archiven aufgespürt. Dank gilt an dieser Stelle der Stiftung HAM (Historisches Material der Schweizer Armee), dem Zentrum elektronische Medien (ZEM), dem Schweizerischen Bundesarchiv und dem Fotografen Franz Knuchel.

Fachliche Unterstützung fanden wir bei Vorstandsmitgliedern der engagierten Offiziersgesellschaften Panzer (OG Panzer) und Artillerie (SOGART). Für das effiziente Lektorat bedanken wir uns herzlichst bei Adjutant Unteroffizier Martin Haudenschild mit seinem unerschöpflichen Fachwissen über gepanzerte Fahrzeuge und bei Christoph Gassmann und Dr. Oliver Heyn mit ihrem sicheren Auge für Grammatik und Rechtschreibung.

Es ehrt uns besonders, dass Divisionär Yves Gächter, Kommandant Heer, den Prolog verfasst hat. Unser Dank gilt auch Joachim Kuch vom Motorbuch Verlag in Stuttgart für seine beständige Unterstützung. Ihnen allen sprechen wir unsere tiefe Wertschätzung aus.

Besonderer Dank gilt auch unseren beiden Ehefrauen Claudia und Murielle für ihr Verständnis angesichts der zeitlichen Entbehrungen, die mit der Entstehung dieses Buches verbunden waren.

Trimstein und Schwanden, März 2026

Die Autoren
Marc Lenzin   Stefan Bühler

Die eingeschränkte Beweglichkeit der Soldaten durch Stacheldrähte, Maschinengewehr- und Artilleriefeuer führte im Ersten Weltkrieg zum zermürbenden Grabenkrieg. Panzer brachten wieder Bewegung in die erstarrten Fronten. Diese Stahlkolosse sollten bald die Rolle der Kavallerie übernehmen und entwickelten sich zur Durchbruchswaffe auf den Schlachtfeldern. Die Schweizer Armee beobachtete diese Entwicklung aufmerksam.

Historischer Bundesratsentscheid 1921

Auf Drängen der damaligen Kriegstechnischen Abteilung (KTA) beschloss der Bundesrat im März 1921, für die Schweizer Armee zwei Panzer zu beschaffen. Die Absicht war, mit dem Panzer Renault FT 17 aus französischer Produktion, Versuche und Vorführungen durchzuführen. Eine Eingliederung bei der Truppe war nicht vorgesehen.

Zehn Jahre später beschaffte der Bundesrat weitere Versuchsmodelle: zwei Carden-Loyd Mk VI aus britischer Produktion. Die Bezeichnung »Panzer« war angesichts dieses nach oben offenen Vehikels leicht übertrieben. Versuche mit einem Kopfpanzer, der die Besatzungen besser schützen sollte, und Beschusstests zeigten positive Ergebnisse. Dennoch, der Mk VI erwies sich als nicht truppentauglich.

Die Armeeführung verstand den Panzer nicht als Durchbruchs- und Entscheidungswaffe, er sah dessen Rolle vielmehr in der Verstärkung der Aufklärung. Die Suche führte wieder nach Großbritannien, wo nach erneuter Evaluation 1934 zwei leichte Vickers Carden-Loyd beschafft wurden. Dieses Fahrzeug schien tauglich; ein Jahr später beschaffte die Armeeführung weitere vier Exemplare, um mit Truppenversuchen die neue Aufklärungstaktik zu erproben. Diese zeigten gute Ergebnisse und es folgten Vorverträge für eine Lizenzfertigung des Panzerwagen 34 in der Schweiz.

Die Panzertruppen entstehen

Das Jahr 1936 gilt als Geburtsstunde der Schweizer Panzerwaffe. Das Parlament bewilligte die neue Truppenordnung 36 (TO 36). Sämtlichen Felddivisionen sollte eine Aufklärungsabteilung zugeteilt werden, bestehend je aus Radfahrerkompanie, Dragonerschwadron

Die Schweizer Kavallerie wurde 1972 abgeschafft. Zu diesem Zeitpunkt war die Schweiz das letzte Land in Europa, das noch berittene Kampfeinheiten unterhielt. (VBS/DDPS)

Kavallerie-Denkmal auf der Lueg, Kanton Bern. Errichtet im Jahre 1921, erinnert das Mahnmal an die während der Spanischen Grippe 1918 verstorbenen Schweizer Kavalleristen. (Archiv Marc Lenzin)

und Panzerwagen-Detachement. Dabei stand ein Typenentscheid noch aus. Nach Erfahrungsberichten aus dem Ausland erfüllten die bislang hochgelobten Panzerwagen 34 die Anforderungen nicht mehr. Die Prager CKD-Werke entwickelten für die Armee der Tschechoslowakei den LT 38. Bekannter ist dieser Panzer unter dem Namen Praga. Am wendigen Fahrzeug fanden ausländische Streitkräfte Interesse – so auch die Schweizer Armee. Nach intensiven Vorabklärungen und diversen Besichtigungen in Prag beschloss der Bundesrat im Dezember 1937 den Kauf von zwölf dieser Panzerwagen der Variante LTL-H mit einem Benzinmotor. Eine weitere Serie von zwölf Fahrzeugen bestellte die Schweiz im April 1938. Diese wurden in Einzelteilen und ohne Motor geliefert. Die Montage erfolgte in der Schweiz; zum Einsatz kam ein Dieselmotor. Die Bewaffnung und die übrige Ausstattung stammten aus der Schweiz: Als Hauptwaffe diente eine

2,4-cm-Kanone der Waffenfabrik Bern, als Sekundärwaffen zwei flüssigkeitsgekühlte und ein leichtes Maschinengewehr.
Unter der Bezeichnung Panzerwagen 39 präsentierte die Armeeführung den helvetisierten Panzer an der Landesausstellung 1939 erstmals der Öffentlichkeit. Im September 1939 begann in speziellen Umschulungskursen die Ausbildung. Die Besatzungen rekrutierten dabei aus Freiwilligen. Es entstanden sechs Panzerwagen-Detachemente für die Felddivisionen, wie in der Truppenordnung 36 vorgesehen.
Nach Bezug der Réduit-Stellungen im Zweiten Weltkrieg formierte die Schweizer Armee die sechs Panzerwagen-Detachemente in drei Kompanien um und gliederte sie in die leichten Brigaden ein.

Der Zweite Weltkrieg

Im Zweiten Weltkrieg schritt die Entwicklung im internationalen Panzerbau rasch voran. Dabei zeigten sich in der Schweiz immer mehr Lücken bei den Panzerabwehrmitteln. Weil aber die Einfuhr von Kriegsmaterial zu dieser Zeit nicht möglich war, erhielt die Eidgenössische Konstruktionswerkstätte den Auftrag, ein 7,5-cm-Selbstfahrgeschütz auf Raupenketten zu entwickeln: Fertiggestellt wurde je ein Exemplar der Nahkampfkanonen I und II (Gustav). Trotz beachtli-

Leichter Panzer 51 in voller Fahrt, Panzer-Rekrutenschule, Waffenplatz Thun. (Archiv Martin Egli)

chem Entwicklungsstand verwarf die Armeeführung aus verschiedenen Gründen das Projekt.

Die Nachkriegsära

Der Aufbau einer eigenständigen Panzerwaffe nach dem Ende des Zweiten Weltkrieges schien für die Armeeführung verfrüht. Die Lücke in der Panzerabwehr sollten vorerst sogenannte Panzerjäger schließen. Die Škoda-Werke in der Tschechoslowakei produzierten für die deutsche Wehrmacht den Jagdpanzer 38(t), bekannt als Hetzer.

Nach Kriegsende waren noch fertig montierte Fahrzeuge und zahlreiche Bauteile vorhanden, auf die die Schweizer Armee aufmerksam wurde. Nach einer eindrücklichen Vorführung auf dem Schießplatz Sand in Schönbühl bei Bern bestellte die Armeeführung acht Hetzer für weitere Versuche. Der Panzer sollte modifiziert und mit modernerer Kanone ausgestattet, die Positionen für Kommandant und Lader sollten vertauscht werden.

Die Versuche erbrachten positive Resultate. Im November 1946 beschaffte der Bundesrat 100 Panzerjäger G13. Ein Jahr später folgte die Bestellung für weitere 50 Fahrzeuge. Es entstanden die Panzer-

jäger-Abteilungen 21, 22 und 23, die ersten Truppenkörper der Mechanisierten Truppen.
Der G13 schloss die Lücke in der Panzerabwehr. Das Konzept des Panzerjägers erforderte den Einsatz aus gut vorbereiteten Stellungen. Nicht alle Kommandanten trugen diesem Umstand Rechnung, sie setzten den G13 in Übungen auch als Gegenschlagselement ein und scheiterten, da der Panzerjäger dieser Verwendung keineswegs genügte.
1949 besetzte die Sowjetunion fast ganz Osteuropa, auch die CSR, und unterband ausstehende Lieferungen von Fahrzeugen und Ersatzteilen in die Schweiz. Nach Verhandlungen wurden die Fahrzeuge schließlich geliefert, die Ersatzteile blieben blockiert. Nach 1950 führten die fehlenden Ersatzteile zu einer Umrüstung von 2/3 der G13-Bestände auf Saurer-Dieselmotoren.

Die Panzerfrage

Die Truppenordnung 51 (TO 51) vom Beginn der 1950er-Jahre sah eine Verstärkung der Mechanisierung der Armee vor. Diese Neuausrichtung entfachte eine hitzige Debatte in der Armeeführung.
Sollte der Panzer ausschließlich in der Verteidigung statisch aus Stützpunkten und Sperren kämpfen oder auch mobil und durchgebrochene Gegner aus der Bewegung vernichten? Diese Diskussion beschäftigte die Armeeführung und die Debatten füllten wochenlang die Tageszeitungen.
Eine Panzerkommission sollte die Doktrin festlegen und erstellte ein Anforderungsprofil:

- Eine Panzerwaffe mit Durchschlagskraft und Treffsicherheit auf lange Distanzen
- Hohe Beweglichkeit im Gelände und rasche Verschiebungsmöglichkeit auf den Straßen
- Größtmöglichen Schutz der Panzerbesatzung gegen feindliches Feuer

Es zeigte sich, dass nur mittelschwere Kampfpanzer mit Drehturm und leistungsfähiger Kanone diese Vorgaben erfüllen konnten.
Obwohl zu diesem Zeitpunkt noch kein Typenentscheid gefällt war, stellte das Parlament mit dem Rüstungsprogramm 1951 400 Millionen Franken für die Beschaffung von Kampfpanzern zur Verfügung.
In Evaluation standen der favorisierte M47 Patton aus amerikanischer und der Centurion aus britischer Produktion. Als mit den USA und Großbritannien konkrete Verkaufsgespräche anstanden, winkten beide Regierungen ab. Sie sahen sich wegen des schwelenden Koreakriegs außerstande zu liefern.

Die Notlösung

Der Retter in der Not war Frankreich. Bei einem Besuch der französischen Panzertruppen entdeckte die Schweizer Armeeführung den neu entwickelten Aufklärungspanzer AMX-13. Das war weder ein Kampfpanzer im klassischen Sinne, noch war er mittelschwer – er entsprach also dem Anforderungsprofil eigentlich nicht. Trotzdem beschaffte die Schweiz zwei Exemplare zu Versuchszwecken.
Aus Mangel an Alternativen stimmte der Bundesrat im Dezember 1951 dem Kauf von 200 AMX-13 zu. Das Modell verfügte über Eigenschaften, die sich so bei keinem anderen Panzerfahrzeug fanden: Die Kanone war fest im Turmgehäuse montiert und übertrug die Richtbewegungen in der Höhe auf das ganze Turmoberteil. Neuartig waren auch der Ladeautomat, der der 7,5-cm-Kanone die gewünschte Munition aus zwei Trommelmagazinen zuführte.
Der AMX-13 erhielt die Bezeichnung Leichter Panzer 51 (L Pz 51). Die Armeeführung bildete die Leichtpanzer-Abteilungen 1 bis 4. Die Besatzungen rekrutierten sich wie seinerzeit bei den Panzerwagen 39 aus Freiwilligen.

Eine neue Truppe und ihr Fahrzeug

Aus der Beschaffung des Leichtpanzers und der Bildung der Leichtpanzer-Abteilungen entstand eine neue Funktion, die der Panzergrenadiere. Diese »Begleitinfanterie« sorgte dafür, dass der Schwung eines Panzerangriffs nicht ins Stocken geriet. Sie sollten Sperren beseitigen und Geländeteile säubern. Eingegliedert in gemischte Kompanien – jede Panzerkompanie verfügte über drei Panzerzüge und zwei Panzergrenadierzüge – benötigte diese Truppengattung auch ein Fahrzeug, um den Panzern zu folgen. Es begann die Evaluation des ersten Schützenpanzers.
Von Beginn weg favorisierte die Schweizer Armee das Konzept eines Kampfschützenpanzers. Allerdings gab es so ein Fahrzeug weltweit noch nicht zu kaufen. Deshalb behalf man sich mit einer Notlösung. Aus Surplus-Beständen kaufte die Schweiz, zusammen mit einer Vielzahl anderer Fahrzeuge, 302 Universal Carrier T16 aus amerikanischer Produktion.
Die Bezeichnung für dieses Fahrzeug lautete »Panzerbegleitfahrzeug UC«. Das Fahrzeug besaß keine eigene Bewaffnung. Die Panzergrenadiere führten nebst ihrer persönlichen Waffe einzig ein Raketenrohr 50 mit. Der T16 bot Platz für sechs Panzergrenadiere, die Besatzung bestand aus dem Kommandanten und dem Fahrer.
Nach seiner Einführung erhielt das oben offene Fahrzeug ein Faltdach aus Stoff, um die Besatzung wenigstens vor Regen und

Panzer 55 (Centurion), Umschulungskurs Panzer Abteilung 12, Schießplatz Gurnigel, 1956. (Archiv Stiftung HAM)

Schnee zu schützen. An der ungenügenden Panzerung änderte diese Maßnahme nichts.

Der erste Kampfpanzer

Nach dem Ende des Koreakriegs führte die Schweiz die Evaluation eines mittelschweren Kampfpanzers mit der Prüfung der bereits bekannten Modelle M47 Patton und Centurion fort. Großbritannien stellte dafür zwei Centurion zur Verfügung, den USA musste die Schweiz zwei M47 Patton abkaufen.

Nach umfassender Evaluation beschloss das Parlament im Herbst 1954 die Beschaffung von 100 Centurion Modell Mk 3, die in der Schweiz die Bezeichnung Panzer 55 (Pz 55) erhielten.

Das Geschäft war heftig umstritten. Einerseits störte das hohe

Gewicht des Panzers. Man befürchtete beträchtliche Schäden an Kulturen und Bauten. Andererseits erwies sich die Finanzierung als problematisch, da der ursprüngliche Kredit durch den Kauf des AMX-13 teilweise aufgebraucht war. Erst ein vom Parlament gesprochener Nachkredit von 200 Millionen Franken ermöglichte den Kauf. Eine zweite Serie Centurion beschaffte die Armeeführung 1957. Es handelte sich um das Modell Mk 7, also eine Weiterentwicklung des bereits eingeführten Typs Mk 3. Die Fahrzeugbezeichnung für diese Beschaffung lautete Panzer 57 (Pz 57).
1960 beschloss die Armeeführung den Kauf einer dritten Serie Centurion, Modell Mk 5 aus Occasionsbeständen der Südafrikanischen Union. Sie waren zwar nicht neu, aber praktisch unbenutzt und preislich interessant. Da diese Beschaffung weitgehend dem Modell Mk 3 entsprach, erhielten sie die Bezeichnung Panzer 55.

Panzer aus der Schweiz

Die Schweiz war für die Rüstungsbeschaffung – insbesondere bei Panzerfahrzeugen – ganz auf das Ausland angewiesen und erlebte zweimal, welche Herausforderungen mit dieser Abhängigkeit ver-

Panzer 61, zukunftsträchtige Aussichten mit der ersten Schweizer Panzer-Eigenentwicklung, Schießplatz Gurnigel, 1967. (Archiv Stiftung HAM)

bunden waren. Unter der Leitung der Kriegstechnischen Abteilung startete die Eidgenössische Konstruktionswerkstätte 1951 das Projekt »KW 30«. Ziel war, gemeinsam mit ausgewählten Industriefirmen einen Schweizer Panzer der »Gewichtsklasse 30 Tonnen« zu entwickeln.
Vielversprechende Ergebnisse zeigten 1957 erste Gehversuche mit dem Prototyp Panzer 58 (Pz 58). Obwohl sich dieser quasi noch auf dem Reißbrett befand, beschloss die Armeeführung mit dem Rüstungsprogramm 57 die Beschaffung einer Vorserie von zehn Fahrzeugen.
Die erste Schweizer Eigenproduktion erfuhr weitere Modifikationen und Verbesserungen. Mit dem Rüstungsprogramm 61 bestellte das Parlament 150 Fahrzeuge – der Panzer 61 (Pz 61) lief vom Band. Damit gelang der Schweizer Industrie ein respektabler Wurf. Mit Ausnahme des Motors von Mercedes aus deutscher und der Turmsteuerung aus französischer Produktion stammten alle Bauteile aus der Schweiz. Trotz einiger konzeptioneller Mängel erwies sich der Panzer 61 als zuverlässiges, truppenfreundliches Kampffahrzeug. Bis weit in die 1990er Jahre brachten neun Modifikationen kleinere und größere technische Verbesserungen. Ursprünglich plante die Armeeführung, mit dem Panzer 61 die Panzerjäger G13 abzulösen. Da sich die G13 aber in einem sehr guten Zustand befanden, nutzte man ab 1965 den Panzer 61 für die Bildung von weiteren Panzerbataillonen.

Die neue Truppenordnung

Die Truppenordnung 61 vollzog endgültig den Schritt zur Mechanisierung der Schweizer Armee.
Vorgesehen war:

- Panzerabteilungen in Panzerregimenter zu überführen und in mechanisierte Divisionen einzugliedern
- Leichtpanzerabteilungen in Aufklärungsbataillone umzuwandeln und mechanisierten und Felddivisionen zu unterstellen
- Panzerjägerabteilungen durch Auflösen der leichten Brigaden neu in die Felddivisionen einzugliedern
- Panzergrenadiere erstmals in reinen Panzergrenadierkompanien zusammenzufassen

Die Suche nach einem Kampfschützenpanzer

Der für die Panzergrenadiere beschaffte Universal Carrier, als Übergangslösung gedacht, sollte anfangs der 1960er Jahre einem Kampfschützenpanzer weichen. Zur Auswahl standen ein Fahrzeug aus Frankreich, das auf dem AMX-13 basierte, und Prototypen von Mowag und Saurer aus schweizerischer Produktion.
Der französische Schützenpanzer fiel schnell aus dem Rennen. Der damalige Generalstabschef war der Meinung, dass nach dem Kauf von Mirage-Kampfflugzeugen eine weitere Beschaffung von Rüstungsgütern aus Frankreich politisch nicht zu vertreten sei. Auch die Schweizer Fahrzeuge fanden keine Zustimmung. Der Zuschlag erhielt schließlich der M113 APC (Armored Personnel Carrier) aus amerikanischer Produktion, ein bewährtes, robustes Transportfahrzeug, einfach in der Bedienung und im Unterhalt.
Die Schweizer Armee beschaffte 1963 eine erste Serie von 800 Fahrzeugen des Typs M113 A1 (A1 steht für Zweitakt-Diesel statt Benzin). 1964 führte die Truppe den Schützenpanzer 63 ein. Diese Beschaffung ermöglichte den Ersatz der Universal Carrier in der Panzerbataillonen und die Umwandlung von Motordragoner-Bataillone in Panzergrenadierbataillone. Anfangs der 1970er Jahre modifizierte die Schweizer Armee einen Teil der Schützenpanzer 63 mit einem Turm aus schwedischer Produktion und dem Einbau einer 20-mm-Kanone zur Version 63/73.

Die Panzerwaffe wächst

Beflügelt durch den Erfolg der Eigenentwicklung, modifizierte die Schweizer Industrie in den 1960er Jahren den Panzer 61 weiter – die Geburtsstunde des legendären Panzer 68 (Pz 68). Zu den Verbesserungen gehörten unter anderem eine Stabilisationsanlage für die Hauptwaffe, ein stärkerer Motor, ein Getriebe mit sechs Rückwärtsgängen, verbreiterte Raupenketten mit Gummipolster und ein Gepäcknetz hinten am Turm. Das Parlament beschloss im Juni 1968 den Kauf von 170 Panzern 68. Sie lösten nun die Panzerjäger G13 ab, die schon seit über 25 Jahren im Dienst standen.
1974 bestellte die Armeeführung eine weitere Serie von 50 Panzern 68. Allerdings war Vorsicht geboten bei dieser Beschaffung, da bei der ersten Serie technische Mängel auftraten. Man verglich in einer Erprobung den Panzer 68 mit ausländischen Modellen derselben Generation. Dabei schnitt der Panzer 68 nicht besonders gut ab. Aber der Zeitplan drängte, da die veralteten Leichten Panzer 51 abgelöst und die Panzerflotte dringend eine weitere Aufstockung benötigte.
1975 bewilligte das Parlament zusätzliche 110 und drei Jahre später noch einmal 60 Panzer 68. Die dritte und vierte Serie erhielt einen größeren Turm, die Bezeichnung lautete neu Panzer 68/75.

Panzer 87 Leopard WE, Rückgrat der mechanisierten Streitkräfte der Schweizer Armee heute. (VBS/DDPS)

Die Behebung der seit der Einführung aufgetretenen Mängel kam nur schleppend voran. Der damalige Waffenchef der mechanisierten und leichten Truppen formulierte einen Brief an seine Vorgesetzten, in dem er jegliche Verantwortung für die mit dem Panzer 68 ausgerüsteten Truppen ablehnte, solange die technischen Probleme nicht behoben würden. Der Brief gelangte an die Presse – der Schweizer Panzerskandal war perfekt.

In der Folge ließ der Bundesrat die Produktion der vierten Serie von Panzern 68 stoppen und willigte dem Mängelbehebungsprogramm »V80« zu – mit Erfolg. Die Produktion der unterbrochenen Serie konnte im Winter 1980 wieder aufgenommen, die letzten Fahrzeuge 1983 ausgeliefert werden.

Das Ende der Schweizer Panzerproduktion

Bereits in den 1970er Jahren liefen in der Schweiz verschiedene Projekte für einen neuen Schweizer Panzer. 1978 erhielt die Firma Contraves als Generalunternehmer den Entwicklungsauftrag für den

Neuen Kampfpanzer (NKPZ). Unglücklicherweise fiel die erste Präsentation, anhand von Plänen und einem Holzmodell, genau in die Zeit des Panzerskandals. Unter dem Eindruck der heftigen Kontroversen um den Panzer 68 erschienen die Risiken für den NKPZ als zu groß; im Dezember 1979 sistierte der Bundesrat das Vorhaben.

Der neue Kampfpanzer

Aber die Schweizer Armee brauchte nach wie vor einen Nachfolger für den Centurion und begab sich auf die Suche im Ausland. Die Armeeführung evaluierte zwei Kandidaten: Den M1 Abrams aus amerikanischer und den Leopard 2 aus deutscher Produktion. Dabei erwies sich der Leopard 2 als überlegen. Vor allem die moderne 12-cm-Glattrohrkanone überzeugte im Vergleich mit der herkömmlichen 10,5-cm-Kanone des M1. Zudem schien der Antrieb des M1 mittels Gasturbine für hiesige Verhältnisse zu wenig ausgereift.

Auch die Beschaffung des Leopard 2 stieß indessen auf einige Hürden. Der hohe Preis erhitzte die Gemüter im Parlament. Man einigte sich im Dezember 1984 auf die Beschaffung von 380 Leopard 2 für insgesamt 3,8 Milliarden Franken – das größte je getätigte Rüstungsgeschäft der Eidgenossenschaft.

Die Angleichung

Nach der Ablösung des Centurion durch den Panzer 87 Leopard sollte die Panzer-68-Flotte eine Kampfwertsteigerung erfahren. Hauptelement war der Einbau einer moderneren Feuerleitanlage, welche die Wahrscheinlichkeit eines sogenannten Erstschusstreffers erhöhte. Aus dem Panzer 68/75 wurde der Panzer 68/88.

Der Kampfschützenpanzer wird Realität

In den 1990er Jahren drängte sich die Beschaffung eines neuen Schützenpanzers auf. Wohl war der M113 in der Variante Schützenpanzer 63/89 mit stärkerer Panzerung versehen worden, den Anforderungen eines modernen Kampfschützenpanzers genügte er definitiv nicht mehr.

Mit dem Rüstungsprogramm 2000 beschaffte die Schweizer Armee zu diesem Zweck 186 Panzer des schwedischen Modells CV9030. Unter der Bezeichnung Schützenpanzer 2000 löste es den Schützenpanzer 63/89 im Jahre 2006 endgültig ab.

Panzerwaffe im 21. Jahrhundert

Die Panzerfahrzeuge der Schweizer Armee stammen alle aus Beschaffungen in der Zeit des Kalten Krieges oder unmittelbar nach dessen Ende. Der Lebenszyklus der meisten Fahrzeugflotten endet spätestens 2035, mehrere Fahrzeuge (u.a. Versionen des Schützenpanzers 63 sowie Panzerjäger 90) wurden bereits ausser Dienst gestellt und eine Komplettерneuerung der Panzerfahrzeuge hat trotz der geopolitischen Lage in Europa im Jahr 2025 politisch einen schweren Stand.

In der Zwischenzeit wird versucht, die Lebenszeit der bestehenden Fahrzeuge mit Nutzungsverlängerungsprogrammen zu erhöhen. Der Schützenpanzer 2000 WE ist seit 2025 im Truppendienst, der Panzer 87 wird voraussichtlich noch vor 2030 einer weiteren Werterhaltung unterzogen. Parallel werden – wenn auch in sehr geringen Stückzahlen – für die Panzertruppe zentrale Systeme wie der 12-cm-Mörser 16, der Pionierpanzer 21 und die Panzerhaubitze 25 neu eingeführt, um damit die ausser Dienst gestellten Fahrzeuge zumindest teilweise zu ersetzen.

Aber ganz gleich an welchen Überlegungen sich eine Grundsatzentscheidung über die Zukunft der Panzerwaffe orientieren wird, die Kriegsgeschichte zeigt eindrücklich, dass die Fähigkeit, gegnerische gepanzerte Mittel im offenen Gelände mit stark geschützten, mobilen Systemen zu bekämpfen und so eine Entscheidung zu erzwingen, wohl auch für künftige Konflikte wesentliche Bedeutung behalten wird.

Die industrielle Basis bleibt dabei ein entscheidender Faktor: RUAG MRO Schweiz verantwortet Instandhaltung und Modernisierung der Flotten, GDELS-Mowag in Kreuzlingen liefert moderne gepanzerte Radfahrzeuge und beteiligt sich an Konzeptstudien für künftige Systeme. Damit bleibt die Schweiz trotz vergleichsweise kleiner Stückzahlen technologisch selbstständig und kann ihre Fahrzeuge über Jahrzehnte im eigenen Land betreuen.

Die Panzerwaffe der Gegenwart stellt das mechanisierte Rückgrat der Landesverteidigung und bleibt ein Symbol für die Fähigkeit der Schweiz, auch im 21. Jahrhundert komplexe Systeme eigenständig zu betreiben und weiterzuentwickeln.

Die Kombination aus modernisiertem Panzer 87 und Schützenpanzer 2000, hochmobilen splittergeschützten Radfahrzeugen und digital vernetzter Gefechtsführung markiert den Weg der nächsten Jahrzehnte. Damit bleibt die Schweizer Panzerwaffe nicht nur traditionsbewusst, sondern auch zukunftsfähig – eine kleine, aber technologisch hochentwickelte Truppe, die ihre Schlagkraft und Mobilität bis weit über das Jahr 2040 hinaus sichern kann.

RENAULT FT 17

Der französische Panzer Renault FT 17, produziert während des Ersten Weltkriegs, glich einer kleinen Sensation: Der erste Kampfwagen mit schwenkbarem Geschützturm ermöglichte Feuerwirkung in alle Richtungen. Rasch setzte die alliierte Armeeführung diese neuartige Durchbruchswaffe an den starren Fronten in Frankreich ein. Nach dem Krieg beschaffte auch die Schweizer Armee zwei Exemplare des FT 17 zu Studienzwecken.

Entwicklung und Technik

Der Gründer der französischen Panzerwaffe, Artillerieoffizier Jean Baptiste Eugène Estienne, forderte Ende 1915 einen leichten Kampfwagen zur Unterstützung der Infanterie. Mitte des Jahres 1916 begann Renault mit der Entwicklung, im Februar 1917 rollte der Char d'Assault 18 Cheveaux vom Band. Die französische Armeeführung nahm auf dem Truppenübungsplatz Champlieu anlässlich einer Vorführung einen kritischen Augenschein, ohne zu ahnen, ein neues Zeitalter der Kriegführung einzuläuten.

Der FT 17 verfügte über einen Vier-Zylinder-Otto-Motor mit 39 PS. Das 5,8 Tonnen schwere Fahrzeug erreichte eine Höchstgeschwindigkeit von 8 km/h. Motor, Getriebe und der 100 Liter fassende Treibstofftank waren im Heck untergebracht. Der Antrieb erfolgte über das hinten gelegene Antriebsrad.

Der Fahrer fand in der Mitte der Wanne Platz. Der Fahrzeugkommandant, der gleichzeitig auch die Funktion des Richtschützen übernahm, saß im vorne gelegenen Turm. Während der Erprobung blieb der Kampfwagen aufgrund seiner Kopflastigkeit regelmäßig in Senken und Gräben stecken. Für ein stabileres Fahrverhalten sorgte ein Ausleger am Heck.

Die Dicke der Panzerung des FT 17 betrug frontal und seitlich 16 mm, die Bodenplatte war 6 mm, die Dachplatte 8 mm stark. Sie hielt dem Beschuss der deutschen Standard-Gewehrpatrone 7,92 mm 57 SmK stand. Panzerverluste waren vor allem auf Treffer durch die deutsche Feldartillerie zurückzuführen.

Der um 360 Grad schwenkbare Turm ermöglichte Feuerwirkung in alle Richtungen. Die FT-Version mit Maschinengewehrbewaffnung verfügte über ein 8-mm-Hotchkiss M1914, das ab 1931 durch ein 7,5-mm-Reibel ersetzt wurde. Bei der FT-Version mit Kanonenbewaffnung war eine 3,7-cm-L21-Kurzrohrkanone vom Typ Puteaux SA 18 eingebaut.

Vorführung Renault FT 17, Waffenplatz Walenstadt, Februar 1939. (Archiv Martin Haudenschild)

Renault FT 17, Waffenplatz Thun, September 1921. (Archiv Stiftung HAM)

Die maximale Einsatzdistanz der Kanone lag bei 2400 Metern mit den Sprenggeschossen und bei 400 Metern mit Schrapnellen. Zwei Öffnungen im Turm ermöglichten dem Kommandanten Feuerwirkung für den Nahkampf mit der Pistole.

Einsatz

Der FT 17 erlebte seine Feuertaufe im Ersten Weltkrieg im Mai 1918 in Frankreich. Während der Schlacht von Soissons, Teil der zweiten Marne-Schlacht, griff die französische 10. Armee (General Fayolle) die deutsche 9. Armee (General von Eben) an und drängte sie zurück an den Marne-Frontbogen. Dabei unterstützte die französische 2. Tank-Brigade mit 225 FT 17 den Vorstoß der Infanteriedivisionen. Ihr Einsatz war von Erfolg gekrönt, da die kleine Silhouette des FT 17 in der Regel erst spät aufgeklärt wurde und dadurch der überraschende Einbruch in die deutschen Frontlinien gelang.

Auch General John J. Pershing, der Oberbefehlshaber der 1. US-Armee, begeisterte sich für die neue Durchbruchswaffe und forderte vom alliierten Oberkommando Renault-Panzerkampfwagen für seine Offensiven im Frontbogen von Saint Mihiel im September 1918 und in den Argonnen an der Maas im Oktober 1918.

Schweizer Armee kauft zwei FT 17

Der Schweizer Generalstab tat sich anfänglich schwer mit dem Gedanken der Mechanisierung der Armee. Panzer wurden als Offensivwaffe eingestuft, weshalb sie nicht zur Doktrin der neutralen Defensivarmee der Schweiz zu passen schienen. Auch hatte die Kavallerie weiterhin viele Anhänger und war noch lange nicht auf dem Abstellgleis. Aber die Erfahrungen mit der neuartigen Panzerwaffe im Krieg überzeugten und die Schießschule Walenstadt zeigte großes Interesse.

Zu Versuchs- und Vorführzwecken kaufte der Bundesrat per Beschluss vom März 1921 zwei Fahrzeuge. Nach einer technischen Erprobung wurden die Renaults vor allem in der Schießschule Walenstadt eingesetzt. Mit ihrer Hilfe sollten der Truppe die Möglichkeiten dieser neuen Waffe aufgezeigt werden. Solche Einsätze gab es bis zum Kriegsbeginn.

Restaurierter Renault FT 17, Sammlung historischer Panzer der Armee, Waffenplatz Thun. (Archiv Martin Haudenschild)

1939 äußerte General Guisan den Wunsch weitere Panzer zu beschaffen. Obwohl dieses Vorhaben in der Militärverwaltung für Kopfschütteln sorgte, kaufte die Schweizer Armee anfangs 1940 nochmals drei Renault FT 17. Weitere umfassende Versuche auf dem Waffenplatz Thun deckten eigentlich schon bekannte Mängel wie niedrige Geschwindigkeit, schwache Panzerung und schlechte Sichtverhältnisse für Fahrer und Kommandant auf.
Während der Kriegsjahre dienten die Renault FT 17 noch als Schulfahrzeuge und wurden anschließend liquidiert. Nur ein Exemplar überlebte und diente ab 1945 als Ausstellungsobjekt, zuletzt im Panzermuseum auf dem Gelände der Ausbildungsanlagen in Thun.

Neubelebung

Dieser Zeitzeuge stand über 60 Jahre im Freien und befand sich in einem entsprechend desolaten Zustand. Der damalige Kommandant des Lehrverbandes Panzer und Artillerie, Fred Heer, und sein Projektleiter Martin Haudenschild entschieden im Jahre 2006 den Panzer zu restaurieren und seine Fahrtüchtigkeit wiederherzustellen. Der Panzer wurde komplett zerlegt, die Bauteile restauriert oder, wenn notwendig, rekonstruiert und wieder montiert. Dies geschah durch geeignete Angehörige der Armee und spezialisierte Firmen. Das herausfordernde Vorhaben finanzierten Sponsoren und Spender. Heute steht der restaurierte und fahrbereite FT 17 in der Sammlung historischer Panzer der Armee in Thun und lässt bei Paraden die Herzen der Panzerfreunde höher schlagen. Ein wichtiger Zeitzeuge aus der Gründungsgeschichte der Panzerwaffe lebt für die Nachwelt weiter.

Typ	Renault FT 17
Hersteller	Renault, Berliet, Frankreich
Besatzung	2
Kennzeichen	M+7310-M+7311 (1. Serie, 1921) M+7312-M+7314 (2. Serie, 1939)
Einsatzzeit	1921–1947 (als Versuchsfahrzeuge)
Gefechtsgewicht	7400 kg
Länge	4990 mm (mit Heckausleger)
Breite	1740 mm
Höhe	2140 mm
Motor	Renault, 4 Zylinder, Benzin
Leistung	40 PS (5,4 PS/t)
Höchstgeschw.	8 km/h (Straße)
Kraftstoffvorrat	90 Liter
Fahrbereich	45 km (Straße)
Bewaffnung	1 x 7,5-mm-MG 11, oder 1 x 7,5-mm-Lmg 25 (provisorischer Einbau)
Panzerung	16–22 mm, Panzerstahl

CARDEN-LOYD MK VI

Während sich die Armeen zunehmend mechanisierten, entwickelte die britische Firma Carden-Loyd in den 1920er Jahren ein Halbkettenfahrzeug, bewaffnet mit einem Maschinengewehr. Aufgrund der geringen Größe entsprach dieser Kampfwagen nicht den Vorstellungen eines modernen Panzers. Trotzdem beschaffte die Schweizer Armee 1931 zwei Exemplare des Typs Carden-Loyd Mk VI.

Aufklärungsfahrzeuge mit geringer Bewaffnung

Beim Carden-Loyd handelte es sich um ein Aufklärungsfahrzeug und nicht um einen eigentlichen Panzer. In Verbindung mit motorisierter Infanterie, Kavallerie und Radfahrerpatrouillen waren solche Gefährte dank ihrer Panzerung in der Lage, Gelände trotz feindlicher Feuerwirkung aufzuklären. Ferner eignete sich das Fahrzeug auch zur Bekämpfung von Aufklärungspanzerwagen und limitiert im Direktgefecht gegen Kampfpanzer.

Modellevolution

Die ersten Carden-Loyd-Halbkettenfahrzeuge des Typs Mk I, auch Tanketten oder Maschinengewehrträger genannt, traten im Jahre 1925 auf den Plan. Diese frühe Version war für eine einköpfige Besatzung konzipiert und besaß keinen Turm. Der Fahrzeugführer saß vorne in der Wanne und sollte neben der Steuerung auch die Waffe bedienen. Die Panzerung war, der tiefen Leistungsfähigkeit des Motors angepasst, mit maximal 9 mm im Frontbereich gering und schützte lediglich vor Beschuss durch Handwaffen und gegen Splitterwirkung.

Angetrieben von einem Ford-Motor Modell T mit 22,5 PS, erreichte der Carden-Loyd eine Höchstgeschwindigkeit von 48 km/h und hatte bei vollem Tank eine Reichweite von 160 Kilometern. Der 38-Liter-Tank befand sich im hinteren Bereich. Das drehbare, auf drei Stützen lafettierte Hotchkiss-Maschinengewehr sollte wartungsfreundlich und einfach in der Demontage sein.

Beim Typ Mk I zeigten sich bald Mängel wie kurze Lebensdauer der Gleiskette, ungenügende Federung und Einschränkungen bei der

Tankette Carden-Loyd Mk VI, Waffenplatz Walenstadt, 1932. (Archiv Martin Haudenschild)

Bedienung des Maschinengewehrs. Modifizierte Versionen zeigten eine verbesserte Federung, boten Platz für zwei Mann Besatzung und waren stärker gepanzert.

Ende der 1920er Jahre übernahm die britische Vickers-Armstrong, ein bedeutender Maschinenbau- und Rüstungskonzern, die Firma Carden-Loyd. 1928 ließ Vickers-Armstrong eine verbesserte Version des Carden-Loyd vom Band laufen: den Mk VI. Ein rundum gepanzerter Rumpf und die erstmals eingesetzten Schürzen sollten den Antrieb und die Ketten besser schützen. Die britische Armee beschaffte 270 Stück. Der Carden-Loyd Mk VI markierte einen Wendepunkt in der Panzerentwicklung: Einerseits wurden fortan Maschinengewehrträger-Fahrzeuge weiterentwickelt, andererseits auch leichte Tanks mit drehbarem Turm und Panzerketten. Diese sahen künftigen Panzermodellen schon sehr ähnlich.

Beschaffung und Einsatz bei der Schweizer Armee

Die Schweizer Armee beschaffte 1931 zwei Carden-Loyd Mk VI und setzte sie zu Versuchszwecken auf den Waffenplätzen Thun und Walenstadt ein. Dabei sollte hauptsächlich ihre Geländegängigkeit getestet werden.

Nach englischem Vorbild versah man das Maschinengewehr 11 aus Schweizer Produktion in einer späteren Phase mit einem Schutzschild. 1933 verblieb ein Mk VI bei der Schießschule Walenstadt, der andere sollte der Abteilung für Kavallerie unterstellt werden, die aber keine Verwendung fand.

Typ	Carden-Loyd Mk VI
Hersteller	CLT Ltd, ab 1928 Vickers-Armstrong Ltd, Großbritannien
Besatzung	2
Kennzeichen	M+0206, M+0207 später M+7302, M+7303
Einsatzzeit	1932–1945 (als Versuchsfahrzeuge)
Gefechtsgewicht	1550 kg
Länge	2470 mm
Breite	1700 mm
Höhe	1220 mm
Motor	Ford T, 4 Zylinder Benzin
Leistung	22,5 PS (14,5 PS/t)
Höchstgeschw.	48 km/h (Straße)
Kraftstoffvorrat	37,8 Liter
Fahrbereich	160 km
Bewaffnung	1 x 7,7-mm-Vickers-MG (Original), 1 x 7,5-mm-MG 11
Panzerung	bis 9 mm (Frontbereich), Panzerstahl

Tankette Carden-Loyd Mk VI, Truppenversuche (Archiv Stiftung HAM)

PANZERWAGEN 34 (VICKERS-ARMSTRONG LIGHT TANK)

Der wendige und leichte Carden-Loyd Mk VI Maschinengewehrträger gilt nicht als Panzer im eigentlichen Sinn. Erst sein Nachfolger sollte die für Panzer so typischen Merkmale aufweisen: Laufketten und einen drehbaren Turm mit eingelassener Kanone: der Vickers Carden-Loyd Light Tank.

Auftakt

Der britische Generalstab entschied sich Ende der 1920er Jahre für zwei Arten von leicht gepanzerten Fahrzeugen: eine Version für die Infanterie, ausgerüstet mit einem Maschinengewehr, und eine mit Turm und Kanone für mechanisierte Verbände. Carden-Loyd experimentierte an der Version mit Turm weiter und entwickelte den Light Tank Mk I. Dieses Modell wies für den künftigen Panzerbau einige wegweisende Elemente auf. Eine größere Wanne erlaubte den Aufbau eines gepanzerten, drehbaren Turms mit eingelassenem Maschinengewehr oder einer Kanone. Im Weiteren umfasste der Tank eine Federung der Laufräder, um Erschütterungen durch Geländefahrten besser auszugleichen und das Fahrzeug zu stabilisieren. Auch neue Federsystemtechniken wie Blatt- und Spiralfederung fanden bei der Entwicklung Einzug.

Ein 7,7-mm-Maschinengewehr von Vickers sollte als Standard verbaut werden. Der Antrieb erfolgte durch einen flüssigkeitsgekühlten Meadows-ESTB-6-Zylinder-Benzinmotor mit 90 PS, der an ein Fünfgang-Getriebesystem gekoppelt war. Der Panzer erreichte auf Marschstraßen eine Höchstgeschwindigkeit von 42 km/h. Das Gesamtgewicht betrug 3,8 Tonnen, und die Besatzung bestand aus einem Fahrer und einem Kommandanten; der Letztere bediente auch die Waffen. Die Panzerung wies eine Dicke von 9 mm auf. Später liefen die weiterentwickelten Modelle Mk II bis Mk IV vom Band, mit besserer Bewaffnung und stärkerem Motor.

Panzerwagen 34 während den Truppenversuchen, Schachen Aarau,

Produktion und Export

Zwischen 1933 und 1940 fertigte Vickers Armstrong für die britische Armee 130 leichte Panzerkampfwagen. Modelle, die den britischen Originalen bis auf die Form des Turms und der Aufhängung ähnelten, folgten für den Export. Es handelte sich um Zwei-Mann-Fahrzeuge mit kleinem Turm, auf dem ein Maschinengewehr mit einem einzigen Gewehrkaliber montiert war. Das Gesamtgewicht variierte zwischen 3,3 und 3,8 Tonnen und die Panzerung zwischen 7 und 11 mm. Einfache Funkmittel konnten als Option bestellt werden, fanden aber nur selten Verwendung.

Diese Exportmodelle basierten weitgehend auf den Modellen Mk III und Mk IV und dienten unter verschiedenen Flaggen wie Argentinien, Belgien, China, Finnland, Lettland, Litauen, der Sowjetunion und auch der Schweiz.

Panzerwagen 34 des motorisierten Heerespolizei-Bataillons, Unterkulm, 1943. (Archiv Martin Haudenschild)

Panzerwagen 34, Sammlung historischer Panzer der Armee Waffenplatz Thun. (Archiv Marc Lenzin)

Schweizer Version

Nach der vielversprechenden Vorführung eines Carden-Loyd Light Tanks vor der schweizerischen Kriegstechnischen Abteilung (KTA) beschaffte die Schweizer Armee im Juni 1934 zwei Panzerwagen: ein Modell Typ 33 mit Blattfederung und ein Modell Typ 34 mit Spiralfederung. Ein Jahr später folgten vier weitere Fahrzeuge vom Typ 34. Die Schweizer Bezeichnung für dieses Fahrzeug lautete Panzerwagen 34. Als Bewaffnung diente das bewährte Maschinengewehr 11, später folgte die Umrüstung auf das ebenfalls flüssigkeitsgekühlte Panzerwagen-Maschinengewehr 38. Weitere Modifikationen beinhalteten ein Aviophon als Verständigungsmittel, verstärkte Ketten und bei zwei Panzern Raupenschutzbleche.

Die Abteilung für Kavallerie führte Truppenversuche mit aussichtsreichen Ergebnissen durch. Es lagen bereits Vorverträge für eine Lizenzproduktion auf dem Tisch. Doch die Armeeführung verwarf eine umfangreichere Beschaffung des Panzerwagens 34. Der Spanische Bürgerkrieg zeigte, dass hinsichtlich Panzerung und Bewaffnung der Panzerwagen 34 im Direktgefecht feindlichen Panzern unterlegen war.

Im Zweiten Weltkrieg fanden die Panzerwagen 34 Verwendung beim motorisierten Heerespolizei-Bataillon (Mot HP). Sie verblieben letztlich bei den Panzerwagen-Kompanien, leisteten als Kommando- und Schulfahrzeuge wertvolle Dienste und wurden erst 1948 ausgemustert.

Typ	Panzerwagen 34 (Pzw 34)
Hersteller	Vickers-Armstrong Ltd, Großbritannien
Besatzung	2
Kennzeichen	M+7304-M+7309
Einsatzzeit	1934–1948
Gefechtsgewicht	3700 kg
Länge	3500 mm
Breite	1850 mm
Höhe	1990 mm
Motor	Meadows, 6 Zylinder, Benzin
Leistung	82 PS (22,2 PS/t)
Höchstgeschw.	63 km/h
Kraftstoffvorrat	90 Liter
Fahrbereich	180 km (Straße)
Bewaffnung	1 x 7,5-mm-MG 11, später 1 x 7,5-mm-Pzw-MG 38
Panzerung	bis 12 mm (Frontbereich), Panzerstahl

Panzerwagen 34, Armeemotorfahrzeugpark Thun, 1938. (Archiv Martin Haudenschild)

Panzerwagen 34, Truppenversuche, 1935 (Archiv Martin Haudenschild)

PANZERWAGEN 39 (LTL-H)

1938, als sich der Sturm über Europa mit der deutschen Besetzung Böhmens und Mährens abzeichnete, fielen der Wehrmacht tschechische Rüstungskonzerne wie die Českomoravská-Kolben-Daněk (ČKD) in die Hände. Das Unternehmen entwickelte Panzerfahrzeuge, die der deutschen Produktion durchaus ebenbürtig waren, wie den Panzerkampfwagen 38. Dieser sollte in einer leicht modifizierten Version auch bei der Schweizer Armee Verwendung finden.

Ursprung Kleinpanzer Carden-Loyd

ČKD beschaffte zu dieser Zeit besonders interessante Vickers Carden-Loyd Tank-Fahrgestelle, um Erfahrungen mit Panzern zu sammeln. Mit einigen Verbesserungen des Carden-Loyd fertigte die ČKD zunächst den Kleinpanzer P-I. Das Fahrzeug wog 2,5 Tonnen, die Panzerung betrug zwischen 5 und 12 mm, die Besatzung bestand aus zwei Mann und als Bewaffnung dienten zwei MG mit Kaliber 7,92-mm. Ein flüssigkeitsgekühlter Praga-4-Zylinder-Ottomotor mit 1950 cm3 Hubraum und 30 PS Leistung ermöglichte dem Kleinpanzer eine Höchstgeschwindigkeit von 35 km/h. Trotz beachtlicher Leistung erfüllte der P-I die gestellten Anforderungen aber in keiner Weise. Die Truppe lehnte ihn als ungenügend ab.

Der Nachfolger: Panzer P-II

Weil sich die technischen Schwierigkeiten mit dem Kleinpanzer P-I nicht beseitigen ließen, stellte die ČKD 1935 einen neuen Entwurf vor: den Panzer P-II. Die technische Überlegenheit des Nachfolgemodells war offensichtlich: Er wog 7,5 Tonnen, im Heck war ein flüssigkeitsgekühlter Vier-Zylinder-Ottomotor mit 62 PS Leistung verbaut und die Höchstgeschwindigkeit betrug 30 km/h. Der P-II war mit einer 3,7-cm-Kanone von Škoda und zwei zusätzlichen MG vz26 bestückt. Das Fahrzeug wies eine Panzerung von 8 bis 15 mm auf.

Panzerwagen 39 im Auslieferungszustand, Armeemotorfahrzeugpark Thun, April 1940. (Archiv Stiftung HAM)

Erprobung des Prototyps Panzerwagen 39, Waffenplatz Thun, März 1939. (Archiv Stiftung HAM)

Wehrmacht übernimmt alle Panzer

Nach der Besetzung der Tschechoslowakei im März 1939 übernahm die Wehrmacht sämtliche Panzer des tschechischen Heeres. Der P-II erhielt die Bezeichnung PzKpfw 38(t), wobei »t« für tschechisch stand. Die Wehrmacht setzte den PzKpfw 38(t), auch unter dem Namen »Praga« bekannt, bei Offensiven in Polen, Jugoslawien, Griechenland und der Sowjetunion ein. Diese Panzer bildeten Erwin Rommels Rückgrat der 7. Panzer-Division im Jahre 1940 während des Einfalls in Belgien und Frankreich.

Beschaffungen für die Schwz. Armee

Auf der Basis des P-II und der leicht modifizierten Version TNH entstanden verschiedene Ausführungen für den Export, die auf Anforderungen ausländischer Auftraggeber beruhten.

Mit Bundesratsbeschluss vom Dezember 1937 bestellte auch die Schweiz bei der ČKD eine erste Serie von zwölf Panzern des Typs LTL-H. Gleichzeitig bewilligte der Bundesrat die Beschaffung von Bewaffnung und Ausrüstung aus Schweizer Produktion für 24 Fahrzeuge. Der Kaufvertrag sollte nur gültig sein, wenn der Prototyp die gestellten Anforderungen erfüllen würde. Ebenfalls trafen die Vertragspartner Abmachungen für eine Lizenzproduktion.

Nachdem der Prototyp in Prag besichtigt und getestet wurde, traf dieser im April 1938 in Thun ein. Die Freigabe für die Serienproduktion erfolgte im Mai 1938. Die Schweizer Bezeichnung für dieses Fahrzeug lautete Panzerwagen 39.

Die Eidgenössische Waffenfabrik Bern (W+F Bern) entwickelte für den Panzerwagen 39 eine 2,4-cm-Kanone mit automatischem Nachladevorgang und Magazinzuführung. Ebenfalls baute die W+F auf der Grundlage des Flieger-Maschinengewehrs 29 das Panzerwagen-Maschinengewehr 38. Von diesen war je ein Stück in der Wanne und im Turm vorgesehen.

Ein Scania Vabis 6-Zylinder-Motor mit 120 PS Leistung ermöglichte eine Höchstgeschwindigkeit von 50 km/h auf der Straße und 15 km/h im Gelände. Die Antriebswelle lief durch die Mitte des Kampfraumes und übertrug die Antriebskraft auf ein modernes Vorwählgetriebe im Bug des Panzers. Die Kraftstofftanks befanden sich zu beiden Seiten des Motorraums und fassten zusammen 218 Liter.

Panzerwagen 39, ausgestellt auf dem Waffenplatz Bure. (Archiv Marc Lenzin)

Typ	Panzerwagen 39 (Pzw 39)
Hersteller	Českomoravská-Kolben-Daněk a.s.,Tschechoslowakei
Besatzung	3
Kennzeichen	M+7511-M+7514 (Pzw Det 1), M+7521-M+7524 (Pzw Det 2), M+7541-M+7544 (Pzw Det 4), später M+78900-M+78911 (1. Serie, Benzinmotor), M+7551-M+7554 (Pzw Det 5), M+7561-M+7564 (Pzw Det 6), M+7571-M+7574 (Pzw Det 7), später M+78912-M+78923 (2. Serie, Dieselmotor)
Einsatzzeit	1939–1950
Gefechtsgewicht	7700 kg
Länge	4460 mm
Breite	2000 mm
Höhe	2100 mm
Motor	Scania Vabis 1664 6-Zylinder-Motor, Benzin (1. Serie von 12 Fahrzeugen), Saurer CT1D 6-Zylinder-Motor, Diesel (2. Serie von 12 Fahrzeugen),
Leistung	119 PS (15,5 PS/t Modell Scania Vabis), 125 PS (16,2 PS/t Modell Saurer)
Höchstgeschw.	45 km/h (Straße)
Kraftstoffvorrat.	140 Liter
Fahrbereich	200 km (Straße)
Bewaffnung	1 x 2,4-cm-Kanone 38, 2 x 7,5-mm-MG 38, 1 x 7,5-mm-Lmg 25
Panzerung	bis 30 mm, Panzerstahl

Im Januar 1939 trafen die ersten Fahrzeuge aus der Serie in Thun ein und Ende Februar 1939 waren alle zwölf Panzer ausgeliefert.

Weitere Serie für die Schweiz

Die angestrebte Eigenproduktion der Anschlussserie konnte nicht umgesetzt werden. Die Produktion und Bearbeitung der Panzerplatten waren in der Schweiz nicht möglich. Die Einzelteile für zwölf weitere Panzer beschaffte die Schweizer Armee wieder bei der ČKD, allerdings ohne die Motoren. Die Endmontage erfolgte im Januar 1938 durch die Firma Berna AG in Olten.

Die Eingliederung der Panzerwagen 39 sollte nach der neuen Truppenordnung 38 (TO 38) erfolgen: je ein Panzerdetachement in den Aufklärungsabteilungen der Divisionen. Ende 1940 erfolgte eine Umgliederung. Aus je zwei Detachements wurde eine Panzerwagenkompanie geschaffen. Diese drei Kompanien unterstellte man den Leichten Brigaden. Der Einsatz erfolgte schwergewichtig als Markeur

Umschulungskurs auf Panzerwagen 39, 1940. (Archiv Christine Hug)

bei Übungen und Vorführungen bei verschiedenen Truppenteilen. Die Panzerwagenkompanien bestanden bis 1948. Anschließend verblieben sechs Panzerwagen 39 bei der Stabsschwadron des motorisierten Dragonerbataillon 11. Die endgültige Ausmusterung erfolgte im Jahr 1950.

Die Nahkampfkanone I und Nahkampfkanone II (Gustav)

Während des Zweiten Weltkriegs leitete die Eidgenössische Konstruktionswerkstätte in Thun in Zusammenarbeit mit der Schweizer Industrie die Entwicklung einer Selbstfahrlafetten-Eigenkonstruktion ein. Durch Verlängerung des Fahrgestells des Panzerwagens 39 um eine Laufrolle entstand im Jahre 1942 ein Selbstfahrlafetten-Prototyp mit 7,5-cm-Kanone, die sogenannte Nahkampfkanone I (NK I). Das Fahrzeug war oben und hinten offen, und das Gefechtsgewicht betrug 10 Tonnen. Es war von Anfang an klar, dass es sich nur um eine behelfsmäßige Konstruktion handelte. Im Juni 1946 fand in Wimmis eine Vorführung des deutschen Panzerkampfwagens V »Panther« statt. Im Rahmen dieses Anlasses wurde auch erstmals die NK I mit einer 10,5-cm-Kanone gezeigt.

Mit der sich abzeichnenden Beschaffung des Panzerjägers G13 wurde die Weiterentwicklung der NK I abgebrochen. Das einzige jemals komplett gefertigte und glücklicherweise noch heute erhaltene Fahrzeug gehört zu den Beständen der Sammlung historischen Materials des Bundes mit aktuellem Standort im Thuner Panzermuseum.

Ein zweiter Prototyp, die Nahkampfkanone II (NK II, Gustav) war stärker gepanzert und wies ein Gefechtsgewicht von 24 Tonnen auf. Das Fahrzeug war von einem V12-Dieselmotor angetrieben und mit einer 7,5-cm-Kanone bewaffnet. Die NK II sollte ein Gegenstück zum deutschen Sturmgeschütz darstellen, da damals die Einfuhr von Kriegsmaterial praktisch unmöglich war.

Aufgrund der hohen Gestehungskosten und noch nicht überwundener technischer Schwierigkeiten verzichtete die Schweizer Armeeführung auf eine Serienfertigung des NK II.

PANZERJÄGER G13

Panzerjäger, entwickelt aus der Notwendigkeit der Verstärkung der Panzer-Nahabwehr im Zweiten Weltkrieg, bildeten ein wichtiges Rückgrat der mechanisierten Verbände der Wehrmacht. Gefertigt aus vorhandenen Fahrgestellen und Waffen, ohne drehbaren Turm, von niedriger Silhouette, wendig, aber generell schwach gepanzert, stellte diese Defensivwaffe ein bedeutendes Panzerabwehrmittel für die Wehrmacht dar. Auch die Schweizer Armee erwarb unmittelbar nach dem Krieg solche Panzerfahrzeuge und schuf die ersten Panzerjägerbataillone.

Drückende Überlegenheit des T-34/76

Im Laufe der Offensiven der Wehrmacht im Osten Europas zeigte sich immer deutlicher die drückende Überlegenheit der russischen Panzerverbände. Eine Erhöhung der Abwehrkraft der deutschen Truppen drängte sich auf. Nachdem der Panzerkampfwagen V Panther als notwendiges Gegengewicht zum russischen Panzer T-34/76 in größerer Anzahl vom Band lief, begann auch die Entwicklung und Produktion von Panzerjägern.

Selbstfahrlafetten als Ausgangslage

Nachdem die Böhmisch-Mährische Maschinenfabrik AG ihre Produktion auf Selbstfahrlafetten-Fertigung umstellte, stand der Produktion von Sturmgeschützen nichts mehr im Wege. Sie basierte auf einer Weiterentwicklung des bewährten Fahrgestells des Panzerkampfwagens 38(t). Mit einem geringeren Einsatz an Arbeitskraft und Material fertigte der tschechische Rüstungskonzern das neuartige Panzerabwehrfahrzeug, den Jagdpanzer 38(t). Das Fahrzeug ist auch bekannt unter dem Namen »Hetzer«. Es wurden ca. 2500 Stück produziert.

Die Werkserprobung im März 1944 zeigte, dass der Panzer truppentauglich war, obwohl die ersten Fahrzeuge noch kopflastig waren. Mit einer Verkleinerung der Blenden ließ sich der Mangel beheben. Dabei boten die Seiten- und Rückwandbleche Schutz nur noch gegen Splitter. Der Praga-

Panzerjäger G13 aus der Vorserie, wie von den Skoda-Werken geliefert, Waffenplatz Thun, November 1946. (Archiv Stiftung HAM)

Panzerjäger G13 aus der Vorserie, nach der Ausrüstung mit Flab-Maschinengewehr, Areal K+W Thun, Juni 1954. (Archiv Stiftung HAM)

6-Zylinder-Benzinmotor erlaubte eine Höchstgeschwindigkeit von 42 km/h. Als Hauptbewaffnung diente eine rückstoßfreie 7,5-cm-PAK L/48 39 ohne Mündungsbremse. Ein um 360 Grad schwenkbares, auf dem Dach lafettiertes Maschinengewehr stellte eine wirkungsvolle Rundumverteidigung im Panzernahkampf sicher. Die starr mit dem Fahrgestell verbundene Kanone beeinträchtigte aber die Geländegängigkeit und verhinderte teilweise das Überschreiten von Gräben. Andererseits vereinfachte diese Konstruktion die Produktion und Wartungsfreundlichkeit, da der Panzer ohne Turm weniger Gewicht aufwies und technisch einfacher gebaut war. Im April 1944 rollten die ersten Prototypen vom Band und ab Juni 1944 begann die Serienproduktion des Panzerjägers.

Im Kampf

Die Panzerjäger bekämpften feindliche Panzer aus einer teilgedeckten Stellung. Den Gegner aus der Bewegung heraus zu vernichten, versprach wenig Erfolg, da Panzerjäger im Direktgefecht den Kampfpanzern mit drehbarem Turm und stärkerer Panzerung meist unterlegen waren.

Einsatz in der Schweizer Armee

Dieser Panzerjäger war auch der Schweiz nicht entgangen und schon 1945 verfügte man über ein Exemplar zu Studien- und Versuchszwecken. Nach Kriegsende kam es zu einem Angebot aus der Tschechoslowakei und nach eingehenden Versuchen mit acht Vorserienfahrzeugen beschloss das Parlament die Beschaffung von 100 Panzerjägern.

Ein Teil der Fahrzeuge war nach dem Krieg fertig montiert worden, die übrigen wurden in der Tschechoslowakei aus noch vorhandenen Baugruppen zusammengesetzt. Eine zweite Serie von 50 Fahrzeugen beschaffte die Armee 1947. Die Auslieferung erfolgte in den Jahren 1947 bis 1952. Dies erlaubte der Schweizer Armee endlich die dringend nötige Stärkung der Panzerabwehr ihrer mechanisierten Elemente. Der Panzerjäger erhielt die Bezeichnung G13, was »Gewichtsklasse 13 Tonnen« bedeutete. Das Fahrgestell des G13 war das bewährte des Panzerwagens 39.

Der G13 verfügte über eine 7,5-cm-L/48-Panzerkanone 40 mit Mündungsbremse, die Feuer gegen schwere Panzer auf Distanzen bis

Panzerjäger G13, Waffenplatz Thun, Januar 1956. (Archiv Stiftung HAM)

1000 Meter ermöglichte. Die obere, seitliche und untere Panzerung schützte gegen Splitter. Die Frontpanzerung widerstand, je nach Schussdistanz und Auftreffwinkel, Panzerabwehrgeschossen bis zum Kaliber 7,5-cm. Neben einigen Details unterschied sich der G13 in drei Hauptpunkten vom »Hetzer«: Anstelle der Pak 39 war die Pak 40 verbaut, die Positionen von Ladeschütze und Kommandant wurden getauscht und das von innen bedienbare MG weggelassen. Das verbliebene Rundblickzielgerät des MG's wurde mit einer Stahlkuppel geschützt und diente als Kommandantenzielgerät.

Zu Beginn der 1950er Jahre wurde die Bewaffnung mit dem 7,5-mm-Fliegerabwehr-Maschinengewehr 38 ergänzt. Dieses fand Einsatz auf einer Flab-Stütze auf dem Fahrzeugheck, konnte aber auch auf der Kuppel des Kommandantenzielgerätes befestigt werden.

Ein Teil der G13 war als Kommandopanzer ausgerüstet und verfügte über einen zweiten Antennensockel und eine eingebaute Halterung für ein tragbares Funkgerät.

Der G13 besaß ursprünglich einen Praga-6-Zylinder-Benzinmotor mit 160 PS. Aus Mangel an Ersatzteilen rüstete die Schweizer Armee später ca. 90 Fahrzeuge auf einen Saurer-8-Zylinder-Dieselmotor mit 150 PS um. Die ausgebauten Motoren dienten als Ersatzteilspender für die verbliebenen Benzinmotoren.

Nach mehreren Anläufen erfolgte die endgültige Ausmusterung der Panzerjäger 1974. Die entstandene Lücke wurde durch den Panzer 68 geschlossen. Eine große Zahl der G13 wurde an Museen und Sammler im In- und Ausland abgegeben.

Der größte Teil der weltweit gezeigten Jagdpanzer 38(t) »Hetzer« sind in Tat und Wahrheit alte G13, welche mehr oder weniger erfolgreich zurückgebaut wurden.

Typ	Panzerjäger G13 (Pzj G13)
Hersteller	Böhmisch-Mährische-Maschinenfabrik und Škoda, Tschechoslowakei
Besatzung	4
Kennzeichen	M+78000-M+78157
Einsatzzeit	1947–1974
Gefechtsgewicht	16000 kg
Länge	6650 mm (mit Kanone)
Breite	2650 mm
Höhe	2170 mm
Motor	Praga 6 Zylinder, Benzin, Saurer 8 Zylinder, Diesel
Leistung	160 PS (10,0 PS/t Modell Praga), 150 PS (9,4 PS/t Modell Saurer)
Höchstgeschw.	42 km/h
Kraftstoffvorrat	300 Liter
Fahrbereich	160 km (Straße)
Bewaffnung	1 x 7,5-cm-Panzerabwehrkanone 40, 1 x 7,5-mm-Flab-MG 38
Panzerung	bis 60 mm, Panzerstahl

Kampfraum eines Panzerjägers G13 aus der Vorserie, Areal K+W Thun, Dezember 1947. (Archiv Stiftung HAM)

Panzerjäger G13 der Rekrutenschule, Waffenplatz Thun, 1950. (Archiv Martin Haudenschild)

LEICHTER PANZER 51 (AMX-13)

Der Panzerjäger G13 bot der Schweizer Armee wertvolle Erfahrungen im Einsatz mit gepanzerten Raupenfahrzeugen, zeigte aber auch Schwachstellen wie der nicht schwenkbare Turm und die ungenügende Panzerung. Die Beschaffung schwerer Kampfpanzer sollte evaluiert werden, zeigte doch der Koreakrieg eindrücklich die Schlagkraft dieser Stahlkolosse als Durchbruchswaffe. Im Fokus standen in der Schweiz der M47 Patton aus amerikanischer und der Centurion aus britischer Produktion. Aufgrund einer weltweiten Beschaffungskrise sollte der Leichtpanzer AMX-13 aus französischer Produktion als Ersatz dienen.

Entwicklung

Die Entwicklung des AMX-13 begann im Jahre 1946 im Designbüro der Ateliers de Construction d'Issy-les-Moulineaux (AMX). Der französische General André Demetz, ein ehemaliger Kavallerist, zeichnete für die Entwicklung verantwortlich. Gefordert war ein lufttransportierbares, leichtes Fahrzeug zur Unterstützung von Fallschirmjägern in den französischen Kolonien. Nach diesen Vorgaben entstand 1948 der Prototyp eines Spähpanzers.

Aus finanziellen Gründen verwarf das Designbüro die Idee, den AMX-13 als lufttransportierbares Fahrzeug zu entwickeln. Die Produktion lief im Jahr 1952 an und im Folgejahr übergab das Atelier de Construction Roanne (ARE) eine erste Serie von Spähpanzern an die französischen mechanisierten Truppen.

Außergewöhnlich war die Turmkonstruktion des AMX-13. Diese basierte auf einem zweiteiligen Wiegeturm, als Oszillationslafette bekannt, wo die Kanone fest im Turm montiert war. Eine vertikale Bewegung des Turmoberteils ermöglichte das Richten in der Höhe – eine einzigartige Entwicklung in der Panzerfertigung.

In der 4,9 Meter langen Wanne befand sich vorne rechts der Motor, links daneben saß der Fahrer. Der Kommandant fand Platz unter der

Leichter Panzer 51, Versuche mit aufgebauter Infrarotanlage, Waffenplatz Thun, Juli 1954. (Archiv Stiftung HAM)

Leichter Panzer 51, im Auslieferungszustand, Armeemotorfahrzeugpark Thun, Juni 1954. (Archiv Stiftung HAM)

Panzerkuppel im Turm, neben ihm auf der rechten Seite war der Richtschütze.
Ein wassergekühlter 8-Zylinder-Benzinmotor mit 250 PS trieb den AMX-13 an. Die Panzerung erreichte 10 bis 40 mm und schützte die Besatzung vor Handfeuerwaffen und Artilleriesplittern.
Eine 7,5-cm-Kanone diente als Hauptwaffe. Mit einer Mündungsgeschwindigkeit von 1000 m/s konnte auf 1000 Meter eine Panzerung von 175 mm durchschlagen werden. Das Geschütz wurde vom Ladeautomaten aus zwei Trommelmagazinen mit je sechs Patronen geladen. Dies sparte den Ladeschützen. Weitere 24 Patronen zum Aufmunitionieren lagerten separat. Als Sekundärbewaffnung diente das 7,5-mm-Maschinengewehr MAC-31 – eine zuverlässige Waffe noch aus der Zeit vor dem Zweiten Weltkrieg.
1964 verlagerte das Atelier de Construction Roanne die Produktion an die Creusot-Loire-Werke in Chalon-sur-Saône. Ab 1966 ersetzte die 9,0-cm-Mittelgeschwindigkeitskanone AMX-13/90, die auch Hohlladungsmunition abfeuern konnte, die bestehende 7,5-cm-Kanone.

Einsatz

Während der Suez-Krise 1956 erlebte der AMX-13 seinen ersten Kriegseinsatz. Jahre später, 1967, im Sechs-Tage-Krieg, warf der israelische General Israel Tal beim Feldzug auf dem Sinai zwei Panzerbrigaden mit AMX-13 an die Front. Bei Bir Gifgafa trafen sie auf ägyptische Panzer T-54 aus sowjetischer Produktion. Hier zeigte sich die 7,5-cm-Kanone eindrücklich als unzureichende Waffe, was die AMX-13-Verbände in starke Bedrängnis brachte. Erst mit dem Eingreifen von M48 Patton-Panzern ließ sich die missliche Situation bereinigen.

Leichter Panzer 51 auf dem Schießplatz, Gurnigel, 1962. (Archiv Martin Haudenschild)

Export und Einsatz bei der Schweizer Armee

Anfang 1950 stellte die Schweizer Armeeführung ihren Beschaffungsantrag für den Ersatz der G13. Man erkannte, dass der Panzerjäger nicht mehr als eine motorisierte, gepanzerte Pak war. Die Schweizer Armee benötigte 500 moderne Panzer, die im Direktgefecht bestehen konnten. Es begann eine detaillierte Evaluierung. In der engeren Auswahl standen der M47 Patton aus amerikanischer Produktion mit legendärem Ruf von den Schlachtfeldern in Korea wie auch der Centurion aus britischer Produktion. Aber beide Staaten sahen während des Koreakonflikts keine Möglichkeit zu liefern und lehnten ab.

In Frankreich fand die Armeeführung eine Ersatzlösung. Eine Delegation besuchte 1951 in Satory die ARM-Werke und evaluierte den Prototypen AMX-13 als geeigneten Panzerersatz. Seine Spitzenge-

schwindigkeit von 65 km/h und die automatische 7,5-cm-Kanone überzeugten die Schweizer Regierung.

Umgehend bestellte die Kriegstechnische Abteilung (KTA) zwei Exemplare des AMX-13 zur Erprobung in der Schweiz. Im Oktober 1951 bewilligte das Parlament 120 Millionen Franken für die Beschaffung von 200 Panzern, die ab März 1953 in monatlichen Serien zu 15 Fahrzeugen eintrafen.

Der Kauf im Prototyp-Stadium brachte es mit sich, dass die Panzer an einigen Mängeln litten. Kurz nach der Beschaffung wurden die Normalisierungsprogramme 1 und 2 durchgeführt, mit Beginn der 1960er Jahre folgte ein drittes. Inhalt dieser Programme waren unter anderem:

- Verbesserung der Standfestigkeit
- Verbesserte Winterbereitschaft

Vorführung Leichter Panzer 51, Waffenplatz Bière, 1956. (Archiv Stiftung HAM)

- Systemwechsel bei den Verbrennungsluftfiltern
- Änderung an der Sekundärbewaffnung
- Verbesserung der Ladeautomatik
- Neues Funkgerät
- Änderungen bei der Ausrüstung und deren Halterungen

Die Schweizer Bezeichnung für den neuen Panzer lautete Leichter Panzer 51 (L Pz 51). Die neu aufgestellten leichten Panzerabteilungen (L Pz Abt 1–4) wurden je einem Armeekorps zugeteilt. Nach der Reorganisation der Kampfverbände im Rahmen der Truppenordnung 61 (TO 61) diente der Leichte Panzer 51 auf Stufe Division in den Aufklärungsbataillonen 1, 3, 4, 6, 8 und 11.

Auch dank zahlreichen Modifikationen bewährte sich der Leichte Panzer 51 und blieb bis 1980 im Einsatz. Die Lücke sollte die Eigenentwicklung Panzer 68 füllen und die Aufklärungsbataillone wurden später zu Panzerbataillone umgegliedert.Die Schweiz verkaufte 180 Fahrzeuge nach Singapur. Die verbliebenen 20 Fahrzeuge dienten als Zielpanzer oder zu Demonstrationszwecken.

Typ	Leichter Panzer 51 (L Pz 51)
Hersteller	Ateliers de Construction d'Issy-les-Moulineaux, Satory/Roanne, Frankreich
Besatzung	3
Kennzeichen	M+78200-M+78399
Einsatzzeit	1954–1980
Gefechtsgewicht	14500 kg
Länge	6450 mm (mit Kanone)
Breite	2520 mm
Höhe	2350 mm
Motor	SOFAM oder ACCA, 8 Zylinder, Viertakt-Boxermotor, Benzin
Leistung	246 PS (17 PS/t)
Höchstgeschw.	70 km/h (Straße)
Kraftstoffvorrat	435 Liter (230 Liter links, 205 Liter rechts)
Fahrbereich	230 km (Straße)
Bewaffnung	1 x 7,5-cm-Panzerabwehrkanone 51, 1 x 7,5-mm-Pz-MG 31, 4 x 8,0-cm-Nebelwerfer 51
Panzerung	bis 40 mm, Panzerstahl

Leichter Panzer 51, Verschiebung von Thun nach Blumenstein, Panzertruppen-Rekrutenschule 21, 1969. (Archiv Martin Egli)

Prototyp Leichter Panzer 51, Fahrversuche, Waffenplatz Thun, 1952. (VBS/DDPS)

PANZER 55/57 (CENTURION)

Die Briten entwickelten ihre Panzerwaffe aufgrund von Erkenntnissen aus dem Zweiten Weltkrieg weiter. Entweder sollten diese schnell sein als Unterstützung für die Infanterie oder klein und wendig als Aufklärungsmittel. Keiner der britischen Tanks bestand aber im frontalen Gefecht Panzer gegen Panzer. Ein neuer, schwerer Panzer sollte diese Lücke schließen: der Centurion. Auch die Schweizer Armee zeigte sich interessiert, als sie nach einem Fahrzeug suchte, das den leichten Panzer 51 AMX-13 aus französischer Produktion ablösen konnte.

Entwicklungsgeschichte

Die Panzerflotte der Briten bestand mehrheitlich aus Fahrzeugen, die noch vor dem Zweiten Weltkrieg entwickelt und produziert worden waren:

- Die leichten Panzer Mk VI Crusader I und II zählten zum Rückgrat der britischen Panzerwaffe. Sie waren mit einer 4-cm-Kanone bestückt und nur schwach gepanzert.
- Der leichte Panzer Matilda II, zur Infanterieunterstützung eingesetzt, bewaffnet mit einem Vickers-MG Kaliber 7, erreichte eine Höchstgeschwindigkeit von 15 km/h und war ebenfalls nur schwach gepanzert.
- Der mittelschwere Panzer M3 Grant, aus amerikanischer Produktion, wies eine 7,5-cm-Kanone sowie eine 3,7-cm-Kanone auf. Sein Gefechtsgewicht betrug 29 Tonnen, hatte eine Panzerung von bis zu 50 mm und erreichte eine Höchstgeschwindigkeit von 40 km/h.

In den Feldzügen auf dem nordafrikanischen Kontinent zeigten die britischen Panzer klare Schwächen gegen Rommels Panzerstreitkraft. Zu geringe Panzerung, technisch anfällig und zu langsam. Rommel überrollte die britische 8. Armee in den Feldzügen um Gazala und Tobruk. Erst bei El Alamein, wo mittelschwere Panzer M4 Sherman aus amerikanischer Produktion hinzustießen, stoppte der Feldzug des Wüstenfuchses.

Gegen Kriegsende beschränkte sich die britische Panzerproduktion, von den mittelschweren Panzern Churchill und Cromwell abgesehen, auf die Entwicklung einer verbesserten Kanone für den M4 Sherman. Die 7,62-cm-Kanone kampfwertsteigerte den M4 zum Modell »Firefly«. Dennoch war der Sherman im Direktgefecht in den Normandie-Offensiven 1944 gegen die modernere deutsche Panzerflotte chancenlos.

Die Entwicklung des Centurion begann 1943 mit dem A41 Cruiser. Die britische Antwort auf die deutschen Panzerkampfwagen V Panther und VI Tiger sollte stark gepanzert, mit einer neuartigen 17-Pounder-

Umgebauter Panzer 55/60 (Centurion) aus der Südafrika-Serie (Mk 5) im Auslieferungszustand, Waffenplatz Thun, August 1962. (Archiv Stiftung HAM)

Panzer 55 (Centurion) aus der ersten Serie, wie von Vickers-Armstrong geliefert, Waffenplatz Thun, Mai 1955. (Archiv Stiftung HAM)

7,62-cm-Kanone bestückt und von einem 650 PS starken Rolls-Royce-Benzinmotor Typ Meteor angetrieben werden. Derselbe Motor fand übrigens auch in den legendären britischen Kampfflugzeugen Spitfire und Hurricane Verwendung.

Das von Associated Equipment Company (AEC) gebaute Mock-up wurde im Mai 1944 verabschiedet; die ersten sechs Prototypen des Centurion Mk 1 erreichten Belgien aber erst im Mai 1945 – zu spät für den Einsatz gegen Nazideutschland, dessen Streitkräfte schon am 8. Mai bedingungslos kapitulierten.

Nach dem Ende des Krieges liefen die Entwicklungsarbeiten auf Hochtouren weiter. Die Serienproduktion des Centurion begann im November 1945 mit einem Auftrag über 800 Fahrzeuge; im Dezember 1946 wurde der Centurion Mk 1 beim britischen 5. Royal Tank Regiment offiziell in Dienst genommen.

Technik

Die Mannschaft des Centurion bestand aus vier Besatzungsmitgliedern: Fahrer, Richtschütze, Lader und Kommandant.

Der im Heck verbaute Zwölf-Zylinder-Benzinmotor Modell Rover Meteor, Mk 4 B1, erbrachte 650 PS Leistung. Zusätzlich zum Hauptmotor verfügte der Centurion über einen Vier-Zylinder-Hilfsmotor Modell Morris USHNM, A 41 Mk 2A/1, mit einer Leistung von 16 PS. Das Getriebe von Merrit-Brown, Z51R, verfügte über fünf Vorwärts- und zwei Rückwärtsgänge, die Kraftübertragung erfolgte über mechanische Überlagerungslenkung. Im Gelände erreichte der Centurion eine Höchstgeschwindigkeit von 20 km/h, auf der Straße 35 km/h. Die Versionen Mk 1 bis Mk 6 verfügten über einen Tankinhalt von lediglich 546 Litern, weshalb die Einsatzreichweite auf 50 km im Gelände und 80 km auf der Straße begrenzt war.

Mit dem Mk 7 erhielt der Centurion einen dritten Nischentank im Heck, wodurch sich die Einsatzreichweite auf immerhin 100 km im Gelände und 150 km auf der Straße erhöhte.

Die Prototypen des ursprünglichen Centurion Mk 1 wiesen eine geneigte, 76 mm starke Glacisplatte auf. Die Turmfront war mit 152 mm sehr gut gepanzert. Mit dem Mk 2 wurden das Glacis auf 118 mm sowie Seite und Heck von 38 mm auf 51 mm verstärkt. Mit dem Mk 5/1 wurde die Panzerung noch einmal verbessert. Zum Eigenschutz war der Centurion mit einer Nebelwurfanlage ausgestattet.

Kurz nach deren Einführung beendete Royal Ordnance die Entwicklung der QF-20-Pounder (8,4-cm)-Kanone, die zusammen mit einem koaxialen .30-Besa-Maschinengewehr in einen komplett gegossenen Turm eingebaut wurde. Der Centurion Mk 3, der ab 1948 produziert wurde, verfügte außerdem über einen verbesserten Motor und – als erster Panzer in der Geschichte – über eine vollstabilisierte Waffenanlage, die es der Besatzung ermöglichte, aus voller Fahrt präzise zu schießen, was die Gefechtsleistung des Panzers stark erhöhte. Eine weitere Steigerung des Kampfwerts wurde in der Version Mk 5/2 (der Mk 4 wurde nie in Serie gebaut) mit der Einführung der Royal-Ordnance-10,5-cm-Kanone L7 erreicht.

Panzer 55 (Centurion) aus der ersten Serie, Waffenplatz Thun, Januar 1956. (Archiv Stiftung HAM)

Mit den Modellen Mk 8 bis Mk 13 kam es nur noch zu unwesentlichen Änderungen und Optimierungen, die vor allem die Panzerung und die Nachtkampfausrüstung betrafen. 1962 löste der Panzer Chieftain den Centurion ab. Viele Staaten entwickelten den Centurion individuell weiter – bis in die Gegenwart.

Einsatz

Seine Feuertaufe erlebte der Centurion im Koreakrieg. Am 14. November 1950 landeten die 8. Königlichen Irischen Husaren der Britischen Armee mit drei Staffeln zu je 20 Centurion Mk 3 in Busan (zweitgrößte Stadt Südkoreas). Während der Kämpfe am Imjin erwies sich der Centurion als den chinesischen und nordkoreanischen Panzern T-34 weit überlegen.

Ein großer Abnehmer des Centurion waren die Israel Defence Force (IDF), die ihn unter der Bezeichnung Scho't Meteor mit der neuen Royal-Ordnance-10,5-cm-Kanone L7 (analog zum Centurion Mk 5/2) einsetzten. Alle Scho't erhielten zwischen 1970 bis 1974 den effizienteren Continental-AVDS-1790-2A-Dieselmotor. Die aktualisierte Version trug den Namen Scho't Kal.

Im Sechs-Tage-Krieg 1967 kämpften 293 Centurion-Panzer im Verbund mit M50 Sherman, kampfwertgesteigerten M51 Super Sherman und AMX-13 der IDF erfolgreich gegen ägyptische T-34/85, modernere T-54/T-55, jordanische M47 und M48 Patton sowie syrische Panzer IV (aus damaliger deutscher Produktion).

Der israelische Scho't Kal erwarb seinen legendären Ruf auf den Golanhöhen in der Schlacht im »Tal der Tränen« während des Jom-Kippur-Krieges 1973. 105 Scho't Kal der 7. Panzerbrigade und 20 Scho't der 188. Brigade verzögerten heldenhaft den Angriff der fünf syrischen Divisionen mit 500 T-55 und T-62.

Einsatz für die Schweizer Armee

Anfang der 1950er Jahre stand in der Schweiz eine Verstärkung der mechanisierten Truppen mit mittelschweren Kampfpanzern an. Zu diesem Zweck evaluierte die Armee den M47 Patton aus amerikanischer und den Centurion aus britischer Produktion. Beide Fahrzeuge wurden ausgedehnten Tests unterworfen. Dabei lag der Centurion im Vorteil, unter anderem aufgrund seines geländefreundlichen Fünf-Gang-

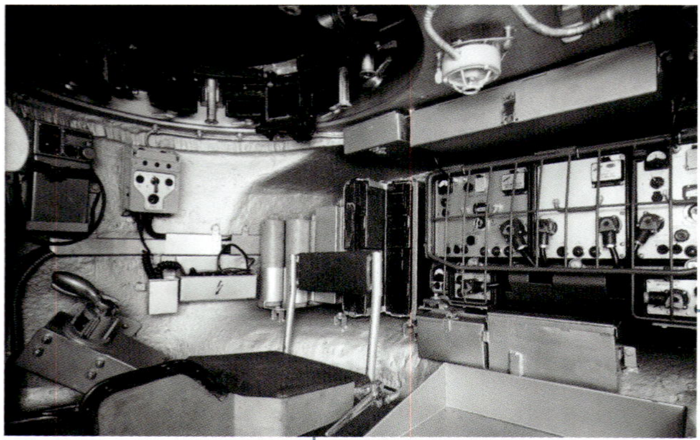

Kommandantenplatz Panzer 55 (Centurion), Areal K+W Thun, Januar 1958. (Archiv Stiftung HAM)

Centurion Mk 3 und M47 Patton bei Fahrversuchen im Rahmen der Evaluation, Riggisberg, Januar 1953. (Archiv Stiftung HAM)

Schaltgetriebes und der 8,4-cm-Kanone, zumal es dafür bereits sogenannte Kerngeschosse gab. Letztlich spielte auch der Preis bei der Entscheidungsfindung eine Rolle: Für den Preis von zwei Patton erhielt man drei Centurion.

Die Bundesversammlung beschloss im Oktober 1954 dem Antrag des Bundesrates zu folgen und entschied sich für den britischen Panzer. Im Frühling 1955 lieferte die Firma Vickers-Armstrong Ltd. die ersten Centurion der Serie Mk 3. Die Ausbildung in den Rekrutenschulen begann im Sommer 1956, nachdem man noch einige Modifikationen für die Schweiz vornahm. Die Bezeichnung für den Centurion lautete Panzer 55 (Pz 55).

Im Herbst 1956 versetzte die Suezkrise und der Aufstand in Ungarn die Welt in Aufruhr. Unter diesen Umständen passierte der Antrag des Bundesrates 1957 auf Beschaffung weiterer 100 Centurion das Parlament ohne große Vorbehalte. Er bezog sich auf eine modifizierte Version des Centurion Mk 7, der die Bezeichnung Panzer 57 (Pz 57) erhielt.

Der Panzer 57 wartete mit ein paar wertvollen Neuerungen auf: Der Treibstofftank fasste nun 1100 statt nur 450 Liter wie beim Mk 3. Der

Typ	Panzer 55 (Pz 55)
Hersteller	Vickers-Armstrong, Großbritannien
Besatzung	4
Kennzeichen	M+78500-M+78599 (Mk 3), M+78800-M+78899 (Mk 5)
Einsatzzeit	1956–1991
Gefechtsgewicht	51000 kg
Länge	9730 mm (mit Kanone)
Breite	3420 mm
Höhe	2950 mm
Motor	Rolls-Royce, Rover Meteor V12, Viertakt, Benzin
Leistung	650 PS (12,7 PS/t)
Höchstgeschw.	35 km/h (Straße)
Kraftstoffvorrat	546 Liter (264 Liter rechter Tank, 282 Liter linker Tank)
Fahrbereich	80 km (Straße)
Bewaffnung	1 x 8,4-cm-Panzerabwehrkanone 55, (stabilisiert) später: 1 x 10,5-cm-Panzerkanone 60, 1 x 7,5-mm-MG 51 (geschützparallel), 1 x 7,5-mm-MG 51 (Kommandant), 1 x 7,1-cm-Le G W 74, 12 x 8,0-cm Nbw 51
Panzerung	bis 152 mm, Panzerstahl

Typ	Panzer 57 (Pz 57)
Hersteller	Vickers-Armstrong, Grossbritannien
Besatzung	4
Kennzeichen	M+78700-M+78799 (Mk 7) M+78900-M+78911 (Mk 12)
Einsatzzeit	1956 – 1991
Gefechtsgewicht	51800 kg
Länge	9930 mm (mit Kanone)
Breite	3420 mm
Höhe	2960 mm
Motor	Rolls-Royce, Rover Meteor V12, Viertakt, Benzin
Leistung	650 PS (12,5 PS/t)
Höchstgeschw.	35 km/h
Kraftstoffvorrat	1036 Liter (350 Liter rechter Tank, 255 Liter linker Tank, 431 Liter Tank am Heck)
Fahrbereich	150 km (Strasse)
Bewaffnung	1 x 8,4-cm-Panzerabwehrkanone 55 (stabilisiert) später 1 x 10,5-cm-Panzerkanone 60 1 x 7,5-mm-Mg 51 (geschützparallel) 1 x 7,5-mm-Mg 51 (Kommandant) 1 x 7,1-cm-Le G W 74, 12 x 8,0-cm Nbw 51
Panzerung	bis 152 mm, Panzerstahl

Boden des Kampfraums dreht mit dem Turm, was für die Besatzung eine große Erleichterung darstellte. Nachteilig wirkte sich hingegen das neue Hauptgewindesystem aus, was zur Folge hatte, das gewisse Teile sich nur schwer mit solchen des Panzers 55 austauschen ließen. Die Auslieferung an die Truppe erfolgte in den Jahren 1958 bis 1960.

Im Herbst 1959 offerierte die Regierung Südafrikas der Schweizer Armee 100 Panzer Centurion Mk 5 zu stark reduziertem Preis – ein interessantes Angebot, weil die Panzer praktisch neuwertig waren und in Südafrika nie im Kampfeinsatz standen. Nur der Innenraum der Fahrzeuge war durch Staub und Sand verschmutzt, und die Aggregate waren dejustiert. Ein weiterer Punkt, der für diese Beschaffung sprach, war der Umstand, dass die angestrebte Panzer-Eigenentwicklung noch nicht bereit war.

Die Bundesversammlung stimmte im Juli 1960 dem Kauf dieser Centurion zu.

Die K+W Thun unterzog die neu eingetroffenen Panzer einem Helvetisierungsprogramm:

- Einbau von MG 51
- Einbau des Funkgeräts SE-407
- Einbau von Nebelwerfern
- Anpassung der Richtoptik an die Schweizer Munition
- Anpassung der Beleuchtung an die schweizerischen Verkehrsgesetze

Im Weiteren sollten alle Panzer 57 und in der Revision II auch sämtliche Panzer 55 auf die neue 10,5-cm-Kanone 60 umgerüstet, die Stabilisatorenanlage revidiert und das elektrische Bordnetz erneuert werden. Mit diesen Modifikationen entstanden die Panzer 55/60 und Panzer 57/60.

Die großen Centurion-Bestände erlaubten es ab 1962, in den mechanisierten Divisionen Panzerregimenter aufzustellen. Im Laufe der Jahre, als die Panzer 61 und Panzer 68 dazustießen, wurden die Centurion in die Panzerbataillone der Feldarmeekorps eingegliedert und als Panzerbataillon Typ C eingesetzt.

Mit dem Abschluss des Wiederholungskurses des Panzerbataillons 21 im Jahre 1991 endete die 36 jährige Ära des Panzers 55/57 in der Schweizer Armee. Der »Centi« bewährte sich ausgezeichnet und bleibt als eine der erfolgreichsten Rüstungsbeschaffungen in der Geschichte der Schweizer Armee in Erinnerung.

Panzer 55/60 (Centurion) mit 10,5-cm-Kanone 60, Sammlung historischer Panzer der Armee, Waffenplatz Thun. (Archiv Massimo Foti)

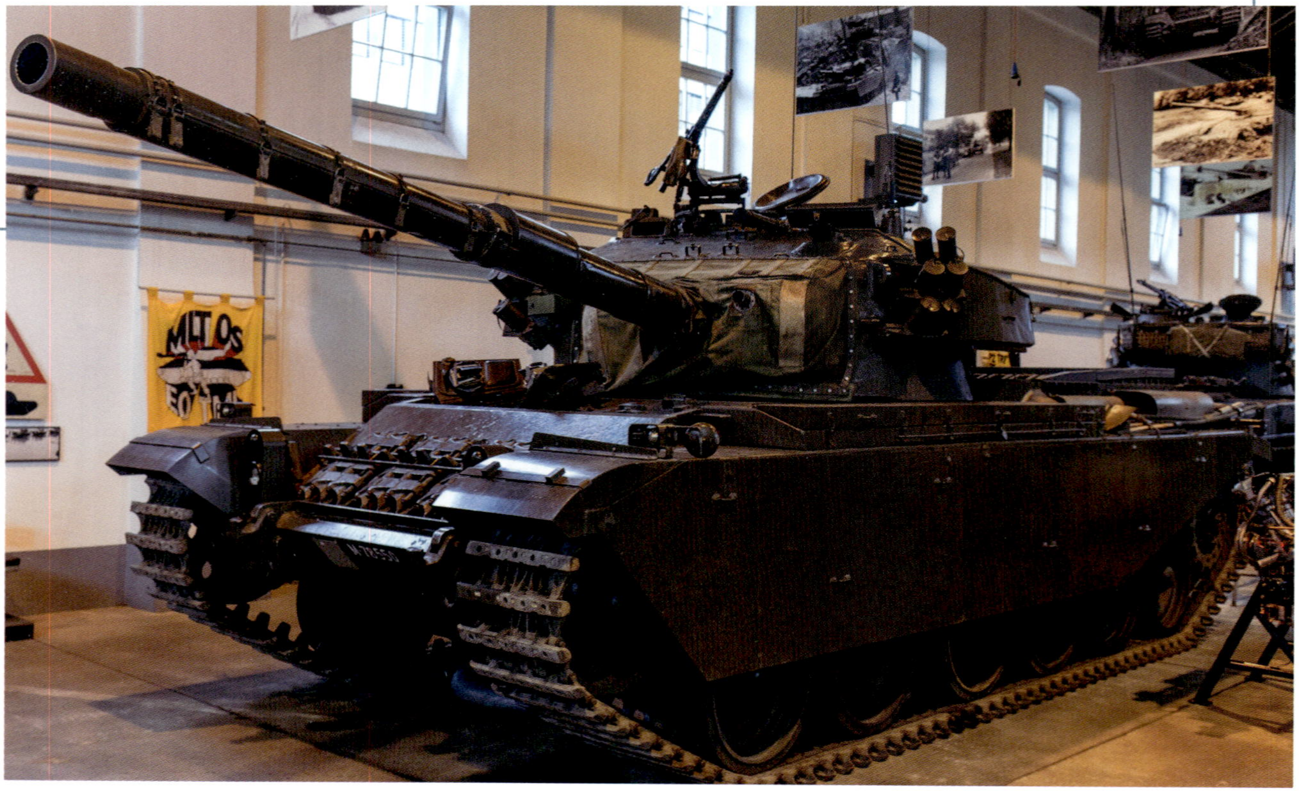

DER CENTURION-VEREIN SCHWEIZ

Gründung und Geschichte

Der Centurion-Verein Schweiz entstand 1988 als offener Verein historisch interessierter Militärfahrzeugliebhaber mit dem Schwerpunkt auf dem Centurion-Panzer. Sein Ursprung liegt im Umfeld des Panzerbataillons 16, das bereits in den 1980er-Jahren aktive Kameraden hatte, welche Panzertechnik bewahren und öffentlich zeigen wollten. Im Laufe der Jahre wuchs der Verein aus dem Kreis engagierter Veteranen und Technikbegeisterter zu einer festen Institution für militärhistorische Fahrzeugpflege in der Schweiz.

Seit seiner Gründung sammelte der Verein ausgemusterte Panzer und Fahrzeuge der Schweizer Armee, restaurierte sie und machte sie in musealen Ausstellungen oder Vorführungen einem breiten Publikum zugänglich. Während er jahrzehntelang eher still im Hintergrund agierte, engagiert er sich in den letzten Jahren zunehmend öffentlich, etwa durch Tage der offenen Tür, die Mitwirkung an Großveranstaltungen wie dem Panzerweekend des Militärmuseums Full sowie durch aktive Öffentlichkeitsarbeit.

Einen Meilenstein verzeichnete der Verein 2023, als er erstmals seine Halle in Altstätten, im St. Galler Rheintal gelegen, für das Publikum öffnete und rund 700 Besucher empfing – ein schlagender Beweis, wie stark das Interesse an militärhistorischer Technik ist.

Ziel und Idee des Vereins

Der Centurion-Verein verfolgt den Zweck, historische Militärfahrzeuge der Schweizer Armee zu erhalten, zu restaurieren und erlebbar zu machen. Im Zentrum steht dabei die Vermittlung technischer und historischer Kenntnisse über die Panzer- und Fahrzeugtechnik des 20. Jahrhunderts.

Ein wichtiges Ziel ist es, die Fahrzeuge nicht als museale Objekte ruhen zu lassen, sondern sie in Bewegung zu halten – sei es durch fahrende Demonstrationen, Simulatoren oder Panzerfahrten für Besucher unter Anleitung. So erleben Interessierte die Technik hautnah. Auf der Webseite heißt es dazu: »Wir zeigen nicht nur Panzer in Aktion, sondern lassen unsere Besucher aktiv mitmachen.«

Daneben fördert der Verein Kameradschaft unter Gleichgesinnten, vermittelt handwerkliche Fertigkeiten im Bereich Restaurierung und Instandhaltung und trägt dazu bei, das Wissen um die schweizerische Panzer- und Fahrzeuggeschichte für kommende Generationen zu bewahren.

Laufende Weiterentwicklung

Der Verein stellt sich den Herausforderungen, die mit Restaurierung, Technik, Logistik und Finanzierung verbunden sind. In den letzten Jahren intensivierte er seine Öffentlichkeitsarbeit: eine regelmäßige Agenda zeigt Veranstaltungen wie Schießvorführungen (SIM-74), Panzerfahrten, Simulator-Shows und Fahrzeugvorführungen. Zudem investiert der Verein in Simulatoren, etwa einen Schaltsimulator und den FASIP-Simulator für den Centurion. Diese Technik erlaubt Besuchern das Erleben von Panzerbedienung in sicherer Umgebung. Kooperationen mit anderen Museen, Vereinen und Veranstaltern sind Teil der Strategie. So ist der Centurion-Verein regelmäßig beim Panzerweekend am Militärmuseum Full vertreten.

Fahrzeuge im Besitz des Vereins

Der Centurion-Verein zeigt eine beachtliche Sammlung historischer Panzer und Militärfahrzeuge, vorwiegend aus Schweizer Heeresbeständen oder mit direktem Bezug zur Armee. Unter anderem sind dies:

- Centurion Panzer 55/57
- Super Atlantik – Rotinoff
- Entpannungspanzer 65/88
- Brückenpanzer 68/88
- Panzerhaubitze M109 (SELAN)
- Raupentransporter M548
- Schützenpanzer 63 M113 (verschiedene Versionen)
- Diverse Radfahrzeuge wie GMC Julia, Saurer 4×4, FBW A×40, Berna 2 VM, Saurer 6 DM, Henschel
- Zugmaschinen und schwere Lastwagen
- Simulatoren (Schaltsimulator, Fahrsimulatoren)

Besonders markant ist der Centurion-Panzer selbst, der namensgebend ist und regelmäßig in Vorführungen eingesetzt wird. Ein weiteres Highlight in der Sammlung ist der Rotinoff Super Atlantic GR7, ein Schwerlast-Transportfahrzeug, das historisch als Begleit- oder Transporter für Panzer genutzt wurde. Der Verein bemüht sich laufend um die Restaurierung und Instandhaltung der Fahrzeuge, finanziert aus eigenen Mitteln und Spenden.

Aktivitäten

Die Aktivitäten des Centurion-Vereins sind vielfältig und auf Öffentlichkeitswirkung, Technikpflege und Vereinsleben ausgelegt:

- Tage der offenen Tür/Ausstellungen: Der Verein öffnet seine Hallen, zeigt Exponate, bietet geführte Rundgänge an und ermöglicht die Interaktion mit der Technik. Im Oktober 2023 verzeichnete man rund 700 Besucher an einem Wochenende.
- Panzer-Demonstrationen/Vorführungen: Der Centurion und weitere Panzer werden in Bewegung gezeigt oder an simulierten Schießstationen betrieben (z. B. SIM-74).
- Panzerfahrten und Besucheraktionen: Mit Simulatoren, Panzerfahrten unter Anleitung sowie Vorführungen für interessierte Besucher wird Technik erlebbar gemacht.
- Kooperation mit Veranstaltern: Teilnahme an Veranstaltungen wie Panzerweekend des Militärmuseums, regionale Militär- und Fahrzeugtreffen etc.
- Simulatorbetrieb und Technikvorführungen: Simulatoren erlauben Besuchern Einblick in Bedienung und Steuerung eines Panzers, auch wenn sie nicht selbst fahren dürfen.
- Ausstellungen und Fachvorträge: An offenen Tagen bietet der Verein Vorträge über Waffen, Munition und Technikgeschichte an.
- Werkstatt und Restaurationsarbeit: Mitglieder investieren Zeit und Fachkenntnisse in die Wartung, Instandsetzung und Restaurierung der Fahrzeuge.

Der Stolz des Vereins: ein Centurion Pz 55/57 mit der Fahrzeugnummer M+78517. Es handelt sich um eines der beiden weltweit einzigen Centurion-Fahrzeuge, die mit einem SIM-74-Aufbau für das Laserschießen ausgerüstet sind. (René Näf, Centurion-Verein Schweiz)

PANZER 61

Zu Beginn der 1950er Jahre evaluierte die Schweizer Armeeführung im Ausland verschiedene mittlere Kampfpanzer, aber wegen des anhaltenden Koreakriegs zeigte sich kein Staat zu einer Lieferung bereit. Eine Eigenentwicklung drängte sich auf. Ende 1951 begann die Eidgenössische Konstruktionswerkstätte in Thun (K+W) in Zusammenarbeit mit einer Anzahl namhafter Firmen der Privatindustrie die Entwicklung eines eigenen Panzers in der »Gewichtsklasse 30 Tonnen«.

Schweizerische Eigenentwicklung

Der helvetische Anforderungskatalog zeigte sich anspruchsvoll:

- Stärkste Bewaffnung, für Aufgaben sowohl der Feuerunterstützung als auch der Panzerbekämpfung
- Hohe Beweglichkeit und Geländegängigkeit
- Ausreichender Schutz der Besatzung
- Einfachste Bedienung und Einordnung im schweizerischen Ausbildungs-, Unterhalts- und Nachschubsystem

Aus diesen Anforderungen entstand ein Prototyp, der Mittlere Panzer 58 (MPz 58). Eine Vorserie von zehn Fahrzeugen wurde bestellt und für die Erprobung eingesetzt. Während der Beschaffungsphase entwickelte die Industrie das Fahrzeug weiter und es entstand der Panzer 61 (Pz 61). In der Wintersession 1961 stimmte das Parlament dem Kauf von 150 Fahrzeugen zu.

Panzer 61

Die vierköpfige Besatzung des Panzers 61 bestand aus dem Kommandanten, dem Richtschützen, Ladeschützen und Fahrer. Der Turm befand sich in der Mitte der Wanne. Der Kommandant und der Richtschütze belegten die Plätze rechts im Turm, der Ladeschütze saß links. Die feste Kommandantenkuppel verfügte über eine nach hinten öffnende, einteilige Luke und über acht gleichmäßig verteilte feste Winkelspiegel.

Die Laderkuppel ließ sich drehen, besaß eine zur Seite öffnende, zweiteilige Luke und sechs feste Sichtglasblöcke. Auf der Frontseite war die Lafettierung für das Fliegerabwehr-Maschinengewehr montiert. Der Fahrer saß mittig im Wannenbug und verfügte über eine einteilige, nach hinten öffnende Luke und drei Winkelspiegel. Der mittlere dieser Winkelspiegel war vertikal beweglich.

Panzer 58 Prototyp bei Watversuchen, Reutigen, Februar 1962. (Archiv Stiftung HAM)

Die Bewaffnung bestand aus einer 10,5-cm-Panzerkanone mit halbautomatischem Fallkeilverschluss, einer rohrparallelen 20-mm-Maschinenkanone, einem 7,5-mm-Flab-Maschinengewehr und sechs 8-cm-Nebelwerfer. Voll aufmunitioniert konnten für die Hauptwaffe 52, für die 20-mm-Kanone 240, für das Maschinengewehr 3000 und für die Nebelwerfer 16 Patronen mitgeführt werden.
Die Bewegung von Turm und Waffe erfolgte mittels einer elektro-hydraulischen Steuerung aus französischer Produktion und war weitgehend mit der des Panzers AMX-30 identisch.
An optischen Richtmitteln verfügte der Richtschütze über ein monokulares Zielgerät mit 8-facher Vergrößerung, der Kommandant über ein Schnittbildtelemeter mit einer Basislänge von 1550 mm. Dieses war zwischen Kommandant- und Richtschützenplatz quer im Turm eingebaut. Aufgeschraubte Panzerhauben schützten die aus der Turmkuppel herausragenden Ausblicköffnungen. Das Telemeter mit

Standlauf der Antriebsgruppe eines Panzer 61 vor dem Einbau, Areal K+W Thun, Juli 1964. (Archiv Stiftung HAM)

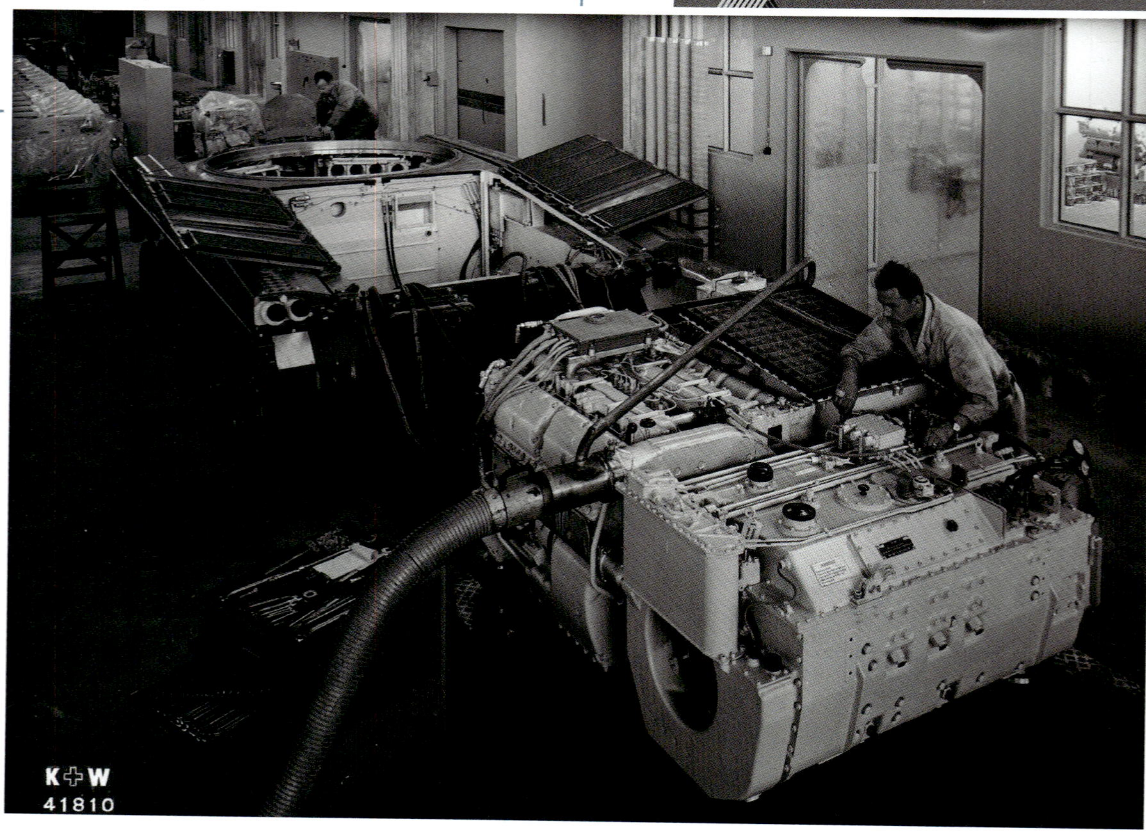

Panzer 61 im Auslieferungszustand, Waffenplatz Thun, Oktober 1964. (Archiv Stiftung HAM)

8-facher Vergrößerung diente gleichzeitig als Kommandantenzielgerät. Die Motorisierung befand sich im Heck des Fahrzeugs. Dabei waren der Hauptmotor, der Hilfsmotor, das Getriebe, das Hilfsgetriebe, die Kühler und der Lüfter in einem Antriebsblock vereint. Dies erleichterte die Wartung, da der Antriebsblock rasch ein- und ausgebaut werden konnte. Als Antriebsquelle diente der Hauptmotor, welcher von Mercedes-Benz aus Deutschland stammte. Es handelte sich um einen 90o-V8-Zylinder-Dieselmotor mit mechanischer Aufladung, 29 900 cm3 Hubraum und einer Leistung von 630 PS. Der Hilfsmotor diente primär zum Antrieb des Hauptgenerators und damit der Stromversorgung. In Notfällen konnte man mit ihm über das Getriebe den Hauptmotor starten. Fiel dieser aus, konnte der Hilfsmotor für kurze Strecken übernehmen. Es handelte sich um einen Unimog-Reihenmotor mit vier Zylindern, einem Hubraum von 1800 cm3 und einer Leistung von 31 PS. Das Getriebe war ein lastschaltbares Lammellenkupplungsgetriebe mit sechs Vor- und zwei

Panzer 61 mit gesamter Munitions- und Betriebsstoffausrüstung, Waffenplatz Thun, Februar 1965. (Archiv Stiftung HAM)

Rückwärtsgängen und Ortslenkung. Der Panzer verfügte über eine hydrostatische Überlagerungslenkung, die Lenkung erfolgte stufen- und verschleißlos über ein Lenkrad. Zwei Bandbremsen waren beidseits am Getriebe angebaut.
Das Fahrwerk umfasste je ein Spannrad, sechs doppelte Laufräder, drei Tragrollen und ein Antriebsrad pro Seite. Laufräder und Tragrollen versah man mit Gummibandagen. Die Aufhängung bestand aus einem außenliegenden Schwingarm pro Laufradpaar. Für die Federung dienten in den Schwingarmen Tellerfedern und hydraulische Dämpfer. Die Raupenkette setzte sich aus durch Bolzen verbundene, gegossene Raupenglieder ohne Gummipolster zusammen.
Zur Kommunikation dienten eine Bordverständigungsanlage und zwei Funkgeräte des Typs SE-407.
Eine im Kampfraum eingebaute ABC-Schutzanlage und ein Trinkwassertank steigerten die Überlebensfähigkeit und Autonomie der Besatzung. Im Weiteren gab es unter dem Fahrersitz eine Notausstiegsluke.

In den Jahren 1964–66 erfolgte die Abgabe und Eingliederung des Panzers 61 bei der Truppe. Er erwies sich als zuverlässig. Der geglückte Eigenbau stärkte das Selbstvertrauen der schweizerischen Industrie, der K+W Thun und des Eidgenössischen Militärdepartementes (EMD).
Die Truppe bemängelte einzig die engen Verhältnisse im Kampfraum und die platzraubende 20-mm-Kanone. Die gute Leistung dieses neuartigen Fahrzeuges führte zu weiteren Modernisierungen.

Was wurde aus dem Panzer 61?

In verschiedenen Änderungsaktionen (AA) verbesserte man den Panzer 61 weiter. Dabei wurde das Fahrzeug laufend dem Niveau des neuen Panzer 68 angepasst. Die wichtigsten Neuerungen bei

Panzer 61 der Panzer-Rekrutenschule während der Schießausbildung, Schießplatz Hongrin, 1985. (Archiv Martin Haudenschild)

den Änderungsaktionen 7 und 8, ab 1976

- Wärmeschutzhülle für die Hauptwaffe
- Aufbau des Leuchtgeschosswerfers (Lyran)
- Aufmunitionierungs- und Hülsenauswurföffnungen
- Gepäcknetz am Turm
- Ersatz der Funkgeräte SE-407 durch SE-412

Die wichtigsten Neuerungen der Änderungsaktion 9, ab 1983

- Ersatz der 20-mm-Kanone durch ein Maschinengewehr (wie beim Panzer 68)
- Ersatz von Zielgerät und Telemeter (wie beim Panzer 68)
- Aufbau einer festen Fahrzeugbeleuchtung auf dem Bug (wie beim Panzer 68)

Die Panzer 61 blieben bis 1994 im Truppeneinsatz und wurden anschließend liquidiert.

Typ	Panzer 61 (Pz 61)
Hersteller	Eidgenössische Konstruktionswerkstätte Thun, Schweiz
Besatzung	4
Kennzeichen	M+77500-M+77649
Einsatzzeit	1964 - 1994
Gefechtsgewicht	39700 kg
Länge	9450 mm (mit Kanone)
Breite	3060 mm
Höhe	2720 mm
Motor	Daimler-Benz, V8, Viertakt, Diesel
Leistung	630 PS (15,9 PS/t)
Höchstgeschw.	55 km/h (Straße)
Kraftstoffvorrat	710 Liter
Fahrbereich	250 km (Straße)
Bewaffnung	1 x 10,5-cm-Panzerkanone 61, 1 x 20-mm-Panzerkanone 61, (später MG 51/71), 1 x 7,5-mm-MG 51, 6 x 8,0-cm-Nebelwerfer 51
Panzerung	15–120 mm, Panzerstahl

Panzer 61 der Panzer-Rekrutenschule, Waffenplatz Bure, 1969. (Archiv Roger Haudenschild)

PANZER 68

Die Schweizer Armee rüstete sich weiterhin erfolgreich mit Panzern aus einheimischer Produktion aus. Der Bundesrat beantragte beim Parlament den Kauf einer weiteren Serie von 170 Panzern. Diese sollten die Kampfkraft der selbstständigen Panzerbataillone wesentlich verbessern. Der weiterentwickelte Panzer 61, neu unter der Bezeichnung Panzer 68, gliederte sich in die Mechanisierten Divisionen ein. Die Panzer 55/57 (Centurion) wurden den Felddivisionen zugeteilt.

Einführung

Aufgrund der positiven Erfahrungen und neuer technischer Möglichkeiten entwickelte die Konstruktionswerkstätte in Thun den Panzer 61 weiter. So sollte er unter anderem Gummiraupen, einen Stabilisator, erhöhte Motorenleistung und Verbesserungen an Richtmitteln und Aggregaten erhalten. Der modifizierte Panzer 61 erhielt neu die Bezeichnung Panzer 68 (Pz 68).

Panzer 68, 1. Serie (Pz 68)

Die wesentlichen Modifikationen gegenüber dem Panzer 61 waren:

- Stabilisationsanlage für die Hauptwaffe
- 7,5-mm-Maschinengewehr anstelle der 20-mm-Kanone
- Neues Zielgerät mit 2,7- und 8-facher Vergrößerung und geänderter Vorrichtung zur Distanzeinstellung
- Neues Telemeter mit geänderter Vorrichtung zur Distanzeinstellung
- Hauptmotor von MTU mit 660 PS
- Getriebe mit 6 Rückwärtsgängen
- Breitere Raupenkette mit Gummipolster

Panzer 68 der ersten Serie im Auslieferungszustand, Waffenplatz Thun, Juli 1973. (Archiv Stiftung HAM)

Panzer 68 der ersten Serie im Auslieferungszustand, Waffenplatz Thun, Juli 1973. (Archiv Stiftung HAM)

- ABC-Anlage, die ohne das Tragen der Schutzmasken auskommt
- Neue Heizung im Kampf- und Fahrerraum
- Spannrad mit Gummibandage
- Hülsenauswurföffnung im Turm
- Aufmunitionierungsöffnungen beidseits in der Wanne
- Gepäcknetz hinten am Turm
- Funkgeräte vom Typ SE-412
- Fest montierte Fahrzeugbeleuchtung am Bug

Die Auslieferung an die Truppe erfolgte in den Jahren 1971 bis 1974.

Panzer 68, 2. Serie (Pz 68 AA2)

1974 beschloss das Parlament den Kauf von weiteren 50 Panzern 68. Die überraschend kleine Bestellmenge erklärte sich daraus, dass bei der 1. Serie technische Mängel auftraten und sich gegenüber dem Panzer ein gewisses Misstrauen entwickelte. Die Unsicherheit in der Schweizer Armeeführung führte zu Überlegungen, künftig doch wieder auf ausländische, bewährte Produktionen zurückzugreifen. Die Resultate einer Vergleichserprobung mit ausländischen Panzern verstärkte solche Bestrebungen.
Doch die Zeit drängte. Um die veralteten Leichten Panzer 51 AMX-13 (L Pz 51) zeitgerecht und planmäßig abzulösen, war eine sofortige Aufstockung der Flotte mit dem Panzer 68 unabdingbar. Mit den Modifikationen gegenüber der 1. Serie sollten vor allem Mängel behoben und die Standfestigkeit verbessert werden.
Neuheiten gegenüber der 1. Serie:

- Wärmeschutzhülle für die Panzerkanone
- 7,1-cm-Leuchtgeschosswerfer (Lyran) auf dem Turmdach, zwischen Kommandanten- und Laderluke
- Verschließbare Panzerhaube für die Ausblickbaugruppe des Zielgerätes
- Trockenlufftfilter anstelle des Ölbadlufftfilter
- Schwallblech auf dem Bug
- Kotflügel aus armiertem Gummi

Die Auslieferung der modifizierten Panzer erfolgte im Jahre 1977. Die bereits im Einsatz stehenden Modelle der ersten Serie wurden auf den gleichen Stand AA2 nachgerüstet.

Panzer 68, 3. Serie (Pz 68/75)

1975 bewilligte das Parlament die Beschaffung von weiteren 110 Panzern 68. Im Rahmen dieser 3. Serie sollten weiter bestehende technische Mängel behoben werden.
Neuheiten gegenüber der 2. Serie:

- Vergrößerter Turm, um für die Besatzung die Platzverhältnisse zu verbessern
- Integration der Ausblicksöffnungen des Telemeters in die Turmkuppel

Panzer 68/75, Waffenplatz Thun, 1987. (Archiv Stiftung HAM)

Panzer 68 AA2 Prototyp für die 2. Serie, Waffenplatz Thun, September 1975. (Archiv Stiftung HAM)

244

Panzer 68/75, Waffenplatz Thun, April 1980. (Archiv Stiftung HAM)

Panzer 68 AA5, Waffenplatz Thun, Mai 1988. (Archiv Stiftung HAM)

- Anpassung des Wannenoberteils im Bereich des Turmlagers

Die 3. Serie erhielt neu die Bezeichnung Panzer 68/75. Die Auslieferung lief im Jahr 1978. Die Maßnahmen zur Mängelbehebung erfolgten auch bei den Panzern der Serien 1 und 2. Bei diesen Fahrzeugen blieb aber die Turmform unverändert.

Doch die Schwierigkeiten mit dem Panzer rissen nicht ab. Der von der Truppe sehnsüchtig erwartete größere Turm führte zu neuen Schwierigkeiten, da er das Gewicht des Fahrzeugs um fast zwei Tonnen erhöhte und Getriebe und Fahrgestell zusätzlich belastete.

Panzer 68, 4. Serie (Pz 68/75)

1978 wurden weitere 60 Panzer 68/75 bestellt. Die von der Truppe immer noch gerügten Mängel führten 1979 indessen zum Produktionsstopp und zu einem Sonderprogramm zur großangelegten Mängelbehebung. Die Produktion lief im Winter 1980 wieder an, die geänderten Punkte erfassten die gesamte Flotte. Die letzten modifizierten Fahrzeuge konnten 1983 ausgeliefert werden.

Typ	Panzer 68 AA5 (Pz 68) und Panzer 68/88
Hersteller	Eidgenössische Konstruktionswerkstätte Thun, Schweiz
Besatzung	4
Kennzeichen	M+77700-M+77869 (1. Serie), M+77912-M+77961 (2. Serie)
Einsatzzeit	1971 - 2000
Gefechtsgewicht	41000 kg
Länge	9490 mm (mit Kanone)
Breite	3140 mm
Höhe	2750 mm
Motor	MTU, V8, Viertakt, Diesel
Leistung	660 PS (16,1 PS/t)
Höchstgeschw.	55 km/h (Straße)
Kraftstoffvorrat	710 Liter
Fahrbereich	240 km
Bewaffnung	1 x 10,5-cm-Panzerkanone 61, 2 x 7,5-mm-MG 51/71, 6 x 7,6-cm-Nebelwerfer 87, 1 x 7,1-cm-Leuchtgeschosswerfer 74
Panzerung	15–120 mm, Panzerstahl

Panzer 68/88, Waffenplatz Thun, August 1999. (Archiv Stiftung HAM)

Panzer 68, kampfwertgesteigert (Pz 68/88)

Die Hälfte der Panzer 68 gliederten sich in die Panzerbataillone vom Typ B der Felddivisionen ein. Da diese vornehmlich als Gegenschlagsbataillone konzipiert waren, bedurfte dies einer Kampfwertsteigerung der Panzer 68/75. Den entsprechenden Kredit bewilligte das Parlament mit dem Rüstungsprogramm 1988. Das Programm sollte 195 Panzer 68 betreffen. Infrage kamen nur Fahrzeuge mit dem großen Turm. Weil davon nur 170 Stück vorhanden waren (3. und 4. Serie), wurden noch einmal 25 Türme neu gefertigt und auf Fahrwerke der 2. Serie aufgesetzt.

Die wesentlichen Änderungen waren:

- Einbau einer hochmodernen Feuerleitanlage mit Laserentfernungsmesser
- Einbau einer Brandunterdrückungsanlage
- Einbau einer neuen Kommandantenluke

Die Bezeichnung der kampfwertgesteigerten Fahrzeuge war Panzer 68/88. Zum Zeitpunkt der Kampfwertsteigerung wurden die Panzer 68 der Serien 1 und 2 einer letzten Änderungsaktion unterzogen (AA5), die aber nur Details betraf. Die augenfälligste Änderung war dabei der Übergang zur Flecktarnbemalung.

Panzer 68 im Ausland

In der zweiten Hälfte der 1970er Jahre versuchte die Schweizer Armee, den Panzer 68 nach Österreich zu verkaufen. Obwohl Erprobungen im Vergleich mit dem amerikanischen M60 eigentlich gute Resultate ergaben, verhinderte die in der Schweiz losgebrochene Diskussion um die Kriegstauglichkeit des Panzer 68 einen Vertragsabschluss.

Die mit dem Panzer 68 AA5 ausgerüsteten Bataillone wurden im Jahre 2000 aufgelöst und die Fahrzeuge liquidiert. Die ab 2004 nicht mehr gebrauchten Panzer 68/88 sollten verkauft werden. Es fanden Verhandlungen mit Thailand statt, die aber erfolglos blieben. So ließ die Armeeführung die restlichen Panzer 68 verschrotten. Seither verzichtet die Schweiz auf Panzer der Marke Eigenbau.

PANZER 87 LEOPARD

Der Panzer 87 Leopard (Pz 87 Leo) ist der modernste Kampfpanzer der Schweizer Armee. Die Beschaffung von 380 Fahrzeugen erfolgte mit dem Rüstungsprogramm 1984, die Fahrzeuge stehen seit 1988 bei den Panzerbataillonen im Einsatz. Mit dem Rüstungsprogramm 2006 hat das Parlament einem Werterhaltungsprogramm zugestimmt (Pz 87 WE). Die modernisierten Fahrzeuge sind seit 2011 im Einsatz und werden noch bis mindestens 2035 das Rückgrat der Schweizer Panzertruppe bilden.

Entwicklung

In der zweiten Hälfte der 1970er Jahre suchte die Schweizer Armee nach Ersatz, um mittelfristig die bestehende Panzerflotte abzulösen, deren Rückgrat der Panzer 68 bildete. Die Schweizer Eigenentwicklung war aufgrund von grösseren technischen Mängeln etwas in Verruf geraten. Zwar kam ein parlamentarischer Ausschuss 1979 zum Schluss, dass sich wesentliche Mängel beheben liessen (vgl. den Bericht «Mängel am Panzer 68»), es stand aber ausser Frage, dass auch ein modernisierter Panzer 68 nicht mehr im gesamten Einsatzspektrum mit der neuen Generation von Kampfpanzern wie dem Leopard 2, dem M1 Abrams oder dem T-72 mithalten konnte – schliesslich war der Panzer 68 selbst «nur» eine Weiterentwicklung des Panzers 61, der noch in den 1950er Jahren konzipiert worden war. Unter der Federführung der Firma Contraves sollte unter dem Titel «Neuer Kampfpanzer» (NKPz) ein Nachfolgefahrzeug des Panzers 68 entwickelt werden. Die Konzeption sah einen Panzer mit vorn liegendem Triebwerk und Getriebe und 120-mm-Glattrohrkanone mit einem Ladeautomaten in der Panzerwanne vor. Wegen der sich hinziehenden Entwicklungsarbeiten, der nicht abschätzbaren Risiken und nicht zuletzt auch aufgrund der Mängel am Panzer 68 wurde das Projekt im Dezember 1979 schliesslich eingestellt.
Stattdessen sollte ein Kampfpanzer der neuesten Generation aus dem

Panzer 87 Leopard, Verbandsausbildung Panzer-Rekrutenschule, gut sichtbar die Reflektoren der Lasersimulationsanlage »Sim Leo«, Waffenplatz Bure, September 2008. (Archiv Stefan Bühler)

Panzer 87 Leopard, Waffenplatz Bure. (VBS/DDPS)

Ausland eingekauft werden. Von den drei infrage kommenden Fahrzeugen schafften es der amerikanische M1 Abrams und der deutsche Leopard 2 in die zweite Evaluationsrunde; der israelische Merkava erfüllte das Pflichtenheft hingegen nur teilweise und wurde daher nicht weiter berücksichtigt.

Nach umfangreichen Vergleichserprobungen mit angemieteten Fahrzeugen (je zwei pro Typ) zwischen August 1981 und Juni 1982 fiel die Wahl auf den Leopard 2. Die Gründe für die Typenwahl waren unter anderem

- die Bewaffnung: 12 cm beim Leopard 2 gegenüber 10,5 cm beim M1
- die Hunter-Killer-Fähigkeit mit unabhängiger Kommandantenoptik (beim M1 mit der Version M1A2 erst deutlich später eingeführt)
- der Antrieb: Dieselmotor beim Leopard 2 gegenüber einer Gasturbine beim M1

Die Entwicklung des Leopard 2 begann 1966 mit einer Studie über die Möglichkeiten einer Weiterentwicklung des bei der deutschen Bundeswehr eingeführten Kampfpanzers Leopard 1. 1968 wurde die Firma Krauss-Maffei, die schon den Leopard 1 produziert hatte, mit der Entwicklung und Herstellung zweier Versuchsfahrzeuge beauftragt; für die Entwicklung der 12-cm-Glattrohrkanone und der zugehörigen Munition war die Firma Rheinmetall verantwortlich. 1970 konnte die Herstellung von 17 Prototypen freigegeben werden. In den späteren 1970er Jahren folgte eine dritte Entwicklungsphase mit zwei weiteren Prototypen, mit denen nochmals Verbesserungen im Bereich des Schutzes und der Feuerleitung erzielt werden sollten. Im Herbst 1977 wurde die serienmässige Fabrikation der ersten Leopard 2 für die deutsche Bundeswehr freigegeben, die ersten Fahrzeuge wurden Ende 1979 an die Panzertruppe übergeben. Im März 1979 schlossen sich die Niederlande der deutschen Beschaffung an; die Serienproduktion umfasste 8 Baulose mit 2570 Leopard 2 (2125 für Deutschland, 445 für die Niederlande) und erstreckte sich bis in den März 1992.

Mittlerweile steht der Leopard 2 in verschiedenen Versionen auch in

Panzer 87 Leopard WE, Waffenplatz Thun. (VBS/DDPS)

Österreich, Dänemark, Schweden, Norwegen, Finnland, Polen, Portugal, Spanien, Ungarn, Griechenland, der Türkei, Kanada, Singapur, Indonesien, Katar, Saudi-Arabien, Chile, der Slowakei, Ungarn und der Ukraine im Einsatz.

Technik

Der Panzer 87 Leopard basiert auf dem Konstruktionsstand Leopard 2A4. Die wesentlichen Änderungen gegenüber dem Leopard 2A4 der Bundeswehr (5. Baulos) betreffen drei zusätzliche Halterungen für Schneegreifer (+ 10 Stück) an der Turmfront, die neue Bordfunkanlage, andere Maschinengewehre (7,5-mm-Mg 87), der Wegfall des Querwindsensors, eine Aussenbordsprechstelle am Turmheck, eine modifizierte Fahrerluke, vier Köcher am Turm für heissgeschossene Maschinengewehrläufe, klappbare Tarnnetzhalterungen am Turmheck, eine modifizierte ABC-Schutzanlage und den hydraulisch verstellbaren Kettenspanner.

Die Fahrzeugbesatzung besteht aus dem Kommandanten, dem Richter, dem Lader und dem Fahrer.

Die 12-cm-Panzerkanone 87 (Pz Kan 87, Glattrohr, L/44 bzw. 5,3 m) verschiesst folgende Kampfmunition:

- 120 mm x 570 Pfeil Pat 90 , Lsp APFSDS-T, v0 1640 m/s
- 120 mm x 570 Pfeil Pat 98, APFSDS, v0 1640 m/s
- 120 mm x 570 MZ Pat 87 Lsp, HEAT-MP-T, v0 1130 m/s, Vorrohrsicherheit 70 m

Die Kampfdotation besteht grundsätzlich aus Pfeil Pat 90/98 und MZ Pat 87 im Verhältnis 2 zu 1, kann jedoch je nach Anforderungen des Einsatzes angepasst werden. Die Schusskadenz beträgt - abhängig vom Lader - bis zu zehn Schuss pro Minute. 1. Bereitschaft (Munitionsbunker): 15 Patronen; 2. Bereitschaft (Wanne): 27 Patronen. Das 7,5-mm-Panzermaschinengewehr 87 (Kadenz 500 oder 1000 Schuss pro min) und das 7,5-mm-Kuppelmaschinengewehr 87 (Kadenz 1000 Schuss pro min) verschiessen 7,5 mm x 55 GP 11 und 7,5 mm GP 11 Lsp im Verhältnis 3 zu 1. 1. Bereitschaft Pz Mg

87: 900 Schuss; 1. Bereitschaft Kuppel Mg 87: 200 Schuss; 2. Bereitschaft: 3000 Schuss.
Mithilfe der 7,6-cm-Nebelwurfanlage (2 Salven à 8 Nb Pat 87/95) kann der Kommandant vor dem Fahrzeug eine Nebelwand erzeugen, um es der gegnerischen Sicht zu entziehen.
Die 35 Fahrzeuge aus Deutschland und die ersten 120 Fahrzeuge der Lizenzproduktion waren noch mit einer Schott-Lamellen-Panzerung (B-Technologie) ausgestattet, während dem die verbleibenden 225 Fahrzeuge mit einer weiterentwickelten Keramik-Komposit-Panzerung (C-Technologie) hergestellt wurden. Die Panzerung bietet Schutz gegen gängige Panzerabwehrwaffen und Panzermunition bis Kaliber 125 mm.
Das eingesetzte Triebwerk (MTU MB 873-Ka 501, 12-Zylinder-Mehrstoff-Diesel, V90°, Abgas-Turbo-Aufladung mit 1100 kW und Renk HSWL-354 Hydromechanisches Schalt-, Wende- und Lenkgetriebe mit vier Vorwärts- und zwei Rückwärtsgängen) verleiht dem Panzer 87 eine mittlere spezifische Leistung von 19,5 kW/t (26,5 PS/t) und damit sehr gute Beschleunigungseigenschaften sowie eine hohe Wendigkeit. Die Höchstgeschwindigkeit beträgt 68 km/h, mit dem Kraftstoffvorrat von 1160 Liter wird eine nominelle Reichweite von 340 km auf der Strasse und 220 km im Gelände erreicht. Das Fahrzeug überschreitet Gräben bis 3 m, klettert über Hindernisse bis 1,1 m, überwindet Böschungen bis 30° (60%) und kann bis zu einer Tiefe von 1,2 bzw. 2,2 m (nach entsprechender Vorbereitung) waten.

Einsatz in der Schweizer Armee

Die Beschaffung von 380 Panzern 87 wurde am 12. Dezember 1984 durch die Vereinigte Bundesversammlung gebilligt. Das Programm sah die Lieferung von 35 Fahrzeugen durch die Her-steller-

Panzer 87 Leopard WE, Schießplatz Hinterrhein. (VBS/DDPS)

firma Krauss-Maffei und den Lizenzbau von 345 Fahrzeugen durch die Schweizerische Industrie vor. Die Montage sollte in der Eidgenössischen Konstruktionswerkstätte K+W erfolgen. Am 19. März 1993 wurde der letzte Panzer 87 aus der Lizenzproduktion an die Truppe ausgeliefert.

Die Panzer 87 wurden in der Armee 95 in den Panzerbataillonen Typ A eingesetzt, während die älteren Panzer 68/88 in den Panzerbataillonen Typ B zusammengefasst wurden. Nachdem die Panzer 68/88 ausgemustert worden waren, verblieb der Panzer 87 als einziger Kampfpanzer im Bestand der Schweizer Armee.

1999 begann die Gruppe Rüstungsdienste GRD zusammen mit der K+W mit der Evaluation eines Werterhaltungsprogramms für den Panzer 87. Im Fokus standen die Erhöhung des ballistischen Schutzes und die Verbesserung der Führungsfähigkeit.
Mit dem Rüstungsprogramm 2006 wurde die Werterhaltung von 134 Panzern 87 auf den neuen Konstruktionsstand Panzer 87 WE beschlossen. Die Umbaumassnahmen betrafen den Einbau eines neuen Kommandantenperiskops mit Nachtsichtfähigkeit (WBG), ein Kommandantensystembediengerät mit Funktionsgriff, eine Rückfahrkamera mit Anzeige für den Panzerfahrer und den Umbau der hydraulischen Waffennachführanlage auf elektrische Antriebe.

Der ballistische Zusatzschutz, der Minenschutz und die autarke Waffenstation wurden im Rah-men der Prototypenerprobung integriert und mitqualifiziert. Auf eine Beschaffung mit dem Rüs-tungsprogramm 2006 wurde jedoch aus Kostengründen verzichtet. Die modernisierten Fahrzeuge sind seit 2011 bei der Panzertruppe im Einsatz.
Eine für die kommenden Jahre geplante Nutzungsverlängerung (NUV) für den Panzer 87 WE beinhaltet unter anderem eine komplette Getrieberevision sowie die Einführung der 120 mm Rh31 Spreng-Splittermunition (HE-FRAG) inklusive der damit einhergehenden Anpassungen der Ballistikkarten und der Strichplatten in den Optiken und soll die Nutzungsdauer der Flotte bis 2040 verlängern.

Typ	Panzer 87 Leopard (Pz 87 Leo) Panzer 87 Werterhaltung (Pz 87 WE)
Hersteller	Krauss-Maffei Wegmann (KMW), Deutschland Eidgenössische Konstruktionswerkstätte K+W, Thun, Schweiz
Besatzung	4 (Kommandant, Richter, Lader, Fahrer)
Kennzeichen	M+77101-M+77480
Einsatzzeit	Pz 87 Leo seit 1988, Pz 87 WE seit 2011
Gefechtsgewicht	56500 kg
Länge	9600 mm (mit Kanone)
Breite	3720 mm
Höhe	2800 mm (über Kommandantenluke)
Motor	MTU MB 873 Ka 501, 12-Zylinder-Turbodiesel
Leistung	1500 PS (26,5 PS/t)
Höchstgeschw.	68 km/h
Kraftstoffvorrat	1160 Liter
Fahrbereich	340 km Strasse, 220 km Gelände
Bewaffnung	1 x 12,0-cm-Panzerkanone 87 1 x 7,5-mm-Panzermaschinengewehr 87 1 x 7,5-mm-Kuppelmaschinengewehr 87 16 x 7,6-cm-Nebelwerfer
Panzerung/Schutz	ABC-Schutzanlage, Feuerwarn- und Löschanlage (Triebwerkraum), Brandunterdrückungsanlage (Kampfraum), Verbundpanzerung (klassifiziert)

Panzer 87 Leopard WE, Schießplatz Hinterrhein. (VBS/DDPS)

Panzer 87 Leopard WE, anlässlich von »Thun meets Army & Air Force«, Oktober 2016. (Archiv Franz Knuchel)

PANZERBEGLEITFAHRZEUG UC (UNIVERSAL-CARRIER T16)

Die Idee eines leicht gepanzerten Mannschaftstransporters war schon älter: Ende des Ersten Weltkriegs tauchten einfache Fahrzeuge auf, die Soldaten und Material rasch an die Front verschieben konnten. Auf der Basis des Carden-Loyd-Panzerwagens entwickelte der britische Rüstungskonzern Vickers-Armstrong in den 1920er Jahren das Kettenfahrzeug Universal Carrier. Auch die Schweizer Armee zeigte Interesse und beschaffte nicht weniger als 300 Fahrzeuge.

Der Panzer Mark V Star (Mark V*)

Westfront, Amiens, August 1918. Im Rahmen der alliierten Hunderttageoffensive ließ der Befehlshaber der britischen 4. Armee, General Henry Rawlinson, zum Angriff blasen. Auf den Schlachtfeldern an der Somme trafen die Truppen von Entente und Mittelmächten erneut aufeinander. Britische schwere Panzer Mark V wälzten sich durch den Schlamm und begleiteten den infanteristischen Vorstoß. Dabei überschritt auch eine zwei Meter längere Version des Mark V die Schützengräben – der Mark V Star. Dieser Stahlkoloss transportierte bis zu 24 Soldaten; er kann daher als erster Schützenpanzer der Welt bezeichnet werden.

Bedingt durch seine Länge, aber auch durch seine eingeschränkte Geschwindigkeit und Schwerfälligkeit, war das Fahrzeug feindlichem Feuer leichter preisgegeben. Der Versuch, damit rascher Truppen an die Front zu verschieben, scheiterte kläglich: Beißende Abgase im Innenraum, ohrenbetäubender Motorenlärm und ständiges Schwanken verunmöglichten einen sicheren Transport der Mannschaften.

Konzept und Entwicklung

Ein anderes Konzept legte den Grundstein für die heutige Schützenpanzergeneration: Die Idee eines leicht gepanzerten, wendigen Kettenfahrzeugs inspirierte den britischen Rüstungskonzern Vickers-Armstrong. Auf Basis der Carden-Loyd-Tankette Mk VI entwickelten die Konstrukteure in den 1930er Jahren das Panzerbegleitfahrzeug Universal Carrier,

Panzerbegleitfahrzeug Universal Carrier T16, Armeemotorfahrzeugpark Thun, März 1957. (Archiv Stiftung HAM)

Panzerbegleitfahrzeug Universal Carrier T16, Sammlung historischer Panzer der Armee, Waffenplatz Thun, 2018. (Archiv Massimo Foti)

auch bekannt als Bren Carrier. Das Fahrzeug erreichte auf ebenem Gelände eine beachtliche Höchstgeschwindigkeit von 50 km/h. Neben dem Kommandanten und dem Fahrer bot der Universal Carrier Platz für sechs Soldaten.

Bis auf Schulterhöhe der Besatzungen war das Fahrzeug leicht gepanzert, gegen oben aber offen. Neben Infanteristen konnten auch Mörser, leichte Panzerabwehrwaffen und Maschinengewehre mitgeführt werden. Der Universal Carrier zog mühelos leichte und mittlere Panzerabwehrkanonen. Einige Versionen führten auch Flammenwerfer mit.

Zwischen 1934 und 1960 produzierten die Briten, mit Lizenz in Kanada, Australien und den Vereinigten Staaten, mehr als 113.000 dieser Fahrzeuge.

Eine Variante davon, den Universal Carrier T16, entwickelte Ford Motors in den Vereinigten Staaten. Sie bot deutliche Verbesserungen gegenüber

Typ	Panzerbegleitfahrzeug UC, (Universal Carrier T16)
Hersteller	Ford Corporation, USA
Besatzung	2 + 6 (Panzergrenadiere)
Kennzeichen	M+82514-M+82815
Einsatzzeit	1954 - 1964
Gefechtsgewicht	4700 kg
Länge	3900 mm
Breite	2150 mm
Höhe	1540 mm ohne Verdeck, 2150 mm mit Verdeck
Motor	Ford, V8, Benzin
Leistung	100 PS (21,3 PS/t)
Höchstgeschw.	53 km/h (Straße)
Kraftstoffvorrat	110 Liter
Fahrbereich	200–250 km (Straße)
Bewaffnung	keine
Panzerung	7–10 mm, Panzerstahl (nur Chassis)

Panzerbegleitfahrzeug Universal Carrier T16, Wattenwil, Dezember 1955. (Archiv Stiftung HAM)

dem Standardmodell, wie verlängertes Fahrwerk, stärkere Federung und vereinfachte Lenkung. Von diesem Typ wurden ab 1943 rund 20.000 Stück gebaut.

Die Vorteile der motorisierten Infanterie überzeugte auch die Schweizer Armeeführung und mit der Beschaffung von gefechtsfeldbeweglichen Panzern (L Pz 51) mit Begleitinfanterie stellte sich die Frage eines Transportfahrzeuges immer dringender.

Die Suche nach einem Schützenpanzer gestaltete sich allerdings schwierig. Man wollte eine zukunftsgerichtete Lösung, zu dieser Zeit gab es solche aber noch gar nicht. Auf die Konzepte aus dem Krieg wollte man nicht zurückgreifen. Deshalb wurde 1953 die günstige Gelegenheit für eine Übergangslösung ergriffen. Damit konnte etwas Zeit gewonnen werden.

Die Schweiz beschaffte im Rahmen der Aktion Surplus 302 Universal Carrier T16, die nach Kriegsende ungebraucht in Großbritannien verblieben waren. Durch die lange Stehzeit hatten die Fahrzeuge etwas gelitten, waren aber mit relativ geringem Aufwand einsatzbereit zu machen.

Das Helvetisierungsprogramm beinhaltete zunächst zusätzliche Halterungen für Ausrüstung und elektrische Richtungswinker. Später kamen eine Truppenerkennungstafel, ein Stoffverdeck, Aufstiegshilfen und eine Funkanlage dazu.

Das Fahrzeug war mit einem 3,9-Liter-Ford-V8-Motor mit 100 PS ausgerüstet. Die Lenkung des T16 mit je einem Radius- und einem Orts-Lenkhebel pro Seite ließ auch bei höheren Geschwindigkeiten abrupte Bewegungen zu. Im Zusammenspiel mit den Stahlketten führte dies zu zahlreichen Unfällen auf geteerten Straßen. In der Folge drosselte man die Höchstgeschwindigkeit des T16 auf 25 km/h.

Die Eingliederung der ersten Universal Carrier T16 mit Panzergrenadieren in die leichten Panzerabteilungen erfolgte im Sommer 1954. Die neu aufgestellten Panzersappeurkompanien erhielten den T16 drei Jahre später.

Das zuverlässige und doch sehr spezielle Kettenfahrzeug verrichtete in der Schweizer Armee zehn Jahre treue Dienste. Der Verkauf der T16-Flotte nach Nordamerika erfolgte 1965. Einige Exemplare fanden den Weg nach Nigeria und wurden dort im Biafrakrieg eingesetzt.

T17 MK I (STAGHOUND)

Im Panzermuseum auf dem Waffenplatz Thun steht ein Fahrzeug, dessen Beschaffungsgeschichte in der Schweizer Armee wohl einzigartig ist. Es galt als am schnellsten abgewickelte Rüstungsbeschaffung und einziges Panzerfahrzeug, für das kein Verwendungskonzept vorlag.

Typ	T17 Mk I (Staghound)
Hersteller	Chevrolet Corp., Detroit/Michigan, USA
Besatzung	5
Kennzeichen	M+78800 (Truppenversuchsfahrzeug)
Gefechtsgewicht	14000 kg
Länge	5370 mm
Breite	2690 mm
Höhe	2330 mm
Motor	2 x GMC, 6 Zylinder, Benzin
Leistung	100 PS (7,1 PS/t)
Höchstgeschw.	90 km/h (Straße)
Kraftstoffvorrat	520 Liter
Fahrbereich	720 km
Bewaffnung	1 x 3,7-cm-Kanone, versuchsweise 1 x 4,7-cm-Kanone, 2 x MG
Panzerung	7–45 mm, Panzerstahl

Entwicklung und Technik

Beim erwähnten Fahrzeug handelte es sich um einen Radpanzer, dessen offizielle Bezeichnung Armored Car T17 E1 lautete. Besser bekannt wurde das Fahrzeug unter dem Namen »Staghound«. Ursprünglich für die US-Armee entwickelt und gefertigt, stand der T17 bei den amerikanischen Streitkräften jedoch nie im Einsatz. Den Staghound verwendeten vor allem Großbritannien und einige andere Commonwealth-Staaten.
Der Staghound war ein Spähpanzer, konzipiert für rasche Aufklärungseinsätze. Zwei leistungsstarke Sechs-Zylinder-Benzinmotoren mit 100 PS und ein 4x4-Fahrgestell machten ihn für diese Zwecke geeignet. Es konnten auch Zusatztanks angebracht werden, was seine Reichweite erweiterte, aber auch eine zusätzliche Schwachstelle darstellte – bei einem Volltreffer von leichten Waffen.
Schwächen zeigte das leicht gepanzerte Fahrzeug, mit konventionellem Turm und 3,7-cm-Kanone, auch im Direktgefecht mit gleichwertigen oder stärkeren Panzerfahrzeugen. Die Briten versuchten zwar, die Kampfkraft des Staghounds zu steigern – der Mk II als Panzerhaubitze, der Mk III mit dem Turm und der Kanone des Crusader Panzers – es blieb aber der Nachteil der schwachen Panzerung.

Mechanisierung der Schweizer Armee

Anfang der 1950er Jahre debattierte die Armeeführung über die künftige Doktrin der Schweizer Armee. Während die eine Seite auf statische Infanterie drängte, votierte die Gegenseite für mechanisierte Kräfte, da der Kampf auch beweglich geführt werden müsse.
Die Vertreter der beweglichen Kriegsführung setzten sich durch, und die Truppenordnung 51 (TO 51) sah erstmals die Einführung starker Panzerverbände vor. Das Parlament bewilligte 1951 einen Kredit von 400

Spähpanzer T17 Mk I Staghound, 4,7-cm-PAK 41, Waffenplatz Thun, Juli 1956. (Archiv Stiftung HAM)

Spähpanzer T17 Mk I Staghound, Sammlung historischer Panzer der Armee, Waffenplatz Thun, Januar 2012. (Archiv Massimo Foti)

Millionen Schweizer Franken für die Panzerbeschaffung. Zu diesem Zeitpunkt war die Typenentscheidung noch offen, und die Evaluation verzögerte sich infolge des Koreakriegs. Bei der Besichtigung der Universal Carrier T16 in Großbritannien, die als Begleitfahrzeuge für die neu geschaffenen Panzergrenadiere in Frage kamen, lag eine weitere Offerte für die Beschaffung von gebrauchten Spähpanzern Staghound vor. Diese befanden sich in einwandfreiem technischem Zustand. Allerdings wurde von Seiten der Verkäufer sehr großer zeitlicher Druck aufgesetzt, da angeblich noch andere Interessenten bereitstanden.

Der Staghound taucht auf

In der Schweiz leitete die Abteilung für leichte Truppen sofort die notwendigen Schritte für den Kauf ein. Im Mai 1951 beschloss der Bundesrat, 64 Staghound zu einem Preis von 900.000 Franken zu erwerben. Der T17 sollte die Rolle des Kommandofahrzeugs auf Stufe Panzerabteilung übernehmen.

Nach einem etwas unglücklichen Seetransport ab dem Hafen Southhampton, wo einige Staghound durch ein ungeschicktes Manöver vom Schiff ins Hafenbecken rutschten, trafen die Fahrzeuge zur Überholung und Modifikation in der Schweiz ein. Gleichzeitig begann in der Armee die Debatte, wie das Fahrzeug verwendet werden sollte.

Eine Verwendung wird gesucht

Am 18. September 1953 erteilte der Generalstabschef den Auftrag, fünf Staghound mit schweizerischen Funkgeräten auszurüsten, und anschließend sollte die Abteilung für leichte Truppen mit dem Fahrzeug Versuche durchführen. Die Verwendung als Traktionsmittel wurde in der Folge aber verworfen. Schießversuche am Zielhang Thun und auf der Tankbahn Blumenstein zeigten, dass der T17 auch mit der neu verbauten 9-cm-Panzerabwehrkanone die erhoffte Leistungsfähigkeit nicht erreichte. Die engen Platzverhältnisse ließen die notwendigen Manipulationen am Geschütz nicht zu. Auch Versuche mit anderen Geschütztypen vermochten nicht zu befriedigen. Man beschloss die Fahrzeuge in die Kavallerie-Rekrutenschule zu überführen. Aber auch in Aufklärergruppen bei der Kavallerie befriedigte der Staghound im Einsatz nicht. Da man auch sonst keinen Verwendungszweck fand, wurde ein Verkauf der Spähpanzer ins Ausland angestrebt. Mit Syrien zeichnete sich eine Lösung ab. Sie scheiterte aber bei den Behörden, die dem Verkauf aus politischen Gründen nicht zustimmten. Die Rettung erhoffte man sich bei der Infanterie. Man bot den Staghound anstelle des Panzerwagens 39 als Panzer-Attrappe an. Doch der Waffenchef der Infanterie lehnte im Mai 1955 dankend ab. Es blieb nur noch die Verschrottung der Fahrzeugflotte. Dabei landeten einige Fahrzeuge als Hartziele auf verschiedenen Schießplätzen und einige Türme wurden im Raum der Festung St. Maurice in spezielle Stellungen eingebaut.

Was aus den Staghound wurde

Nach und nach verschwand der T17 von der Bildfläche. Heute erinnert nur noch ein Fahrzeug, ausgestellt im Panzermuseum auf dem Waffenplatz in Thun, an die bemerkenswerte Geschichte des Staghound in der Schweizer Armee.

SCHÜTZENPANZER 63 (M113)

In der zweiten Hälfte der 1950er Jahre war die noch junge Panzerwaffe der Schweizer Armee sichtlich erstarkt. Die Beschaffung des Centurion und seine Eingliederung in die Armee 61 stand vor dem Abschluss. Die Produktion des eigens entwickelten Panzers 61 lief auf Hochtouren. Im Rahmen der Truppenordnung formierten sich schlagkräftige Panzerbataillone mit Grenadierkompanien. Deren Mannschaftstransporter, der Universal Carrier T16, genügte den Anforderungen nicht mehr. Ein gepanzertes Kettenfahrzeug, ein Schützenpanzer, sollte die Lücke schließen.

Anforderungen

Bei der Konstruktion ebenso wie bei der Beschaffung von Schützenpanzern spielen die Frage der taktischen Verwendung von Panzergrenadieren und die daraus resultierenden, technischen Anforderungen an ein Kampffahrzeug die entscheidende Rolle. Den Panzergrenadieren fällt die Aufgabe zu, gemeinsam im Vormarsch mit den Kampfpanzern den Gegner in der Tiefe des Angriffs- oder Abwehrraums zu vernichten.

Im Anmarsch haben die Panzergrenadierformationen die Panzer gegen infanteristische Einwirkung zu schützen und Widerstand zu brechen, um gute Voraussetzungen für den flüssigen Vorstoß des mechanisierten Verbandes zu schaffen.

Schützenpanzer müssen den Panzern als den Hauptträgern des mechanisierten Einsatzes in jedem Gelände, im gegnerischen Feuer und verstrahlten oder verseuchten Raum folgen können, ohne die Bewegung der Panzer zu verzögern. Diese Forderungen setzen Geländegängigkeit, Panzerung, Geschwindigkeit und Schutz vor atomarer Einwirkung voraus.

Die Panzergrenadiere müssen den Kampf sowohl aufgesessen als auch abgesessen führen können. Um den Angriffsschwung der Panzer beibehalten zu können, ist so lange als möglich der aufgesessene Kampf zu führen. Diese Forderung setzt eine Eigenbewaffnung des Schützenpanzers voraus, die ihn befähigt, das Feuer der Panzer und der Begleit- und Unterstützungswaffen zu ergänzen.

M113 und technischer Beschrieb

Der M113 wurde im Jahre 1959 im kalifornischen San José von der Firma Food Machinery Corporation (FMC) entwickelt und gebaut, der heutigen United Defense. Im Gegensatz zum Universal Carrier, der weder gepanzert noch bewaffnet war, verfügte der leicht gepanzerte M113 über ein 12,7-mm-Maschinengewehr, das auf der um 360 Grad drehbaren Kommandantenkuppel aufgebaut war, wobei der Bordschütze lediglich durch die Panzerung des geöffneten Lukendeckels von hinten teilweise geschützt war. Das Maschinen-

Schützenpanzer 63, mit 12,7-mm-Maschinengewehr 64, 1967. (Archiv Martin Haudenschild)

Schützenpanzer 63/73, mit 20-mm-Kanone 48/73 Hispano, Waffenplatz Bure. (VBS/DDPS)

gewehr erreichte bei einer Anfangsgeschwindigkeit von 810 m/sec eine Schusskadenz von 450 bis 500 Schuss pro Minute und konnte sowohl im Einzel- als auch im Serienfeuermodus eingesetzt werden. Angetrieben von einem 205 PS starken Sechs-Zylinder-Dieselmotor von General Motors und einem Gefechtsgewicht von rund 11 Tonnen betrug die Höchstgeschwindigkeit bei guten Straßenverhältnissen bis 65 km/h. Die Schwimmfähigkeit des Schützenpanzers war auch bei vollem Gefechtsgewicht sichergestellt. Die Geschwindigkeit im Wasser betrug etwa 5 km/h. Eine Tankfüllung reichte für eine Distanz von rund 400 Kilometern.

Die Lenkung erfolgte durch eine Differenzial- und Ortslenkung. Die Vorteile des mit drei Vorwärts- und einem Rückwärtsgang sowie einem Drehmomentwandler ausgerüsteten automatischen Schaltgetriebes kamen sowohl bei der Ausbildung der Besatzungen als auch bei Gelände- und Straßenfahrten voll zur Geltung. Die Panzerung entsprach in ihrer Schutzwirkung derjenigen der meisten bekannten Typen. Wohl wurde eine Leichtmetalllegierung verwendet, die Panzerung war jedoch entsprechend dicker als bei den Schützenpanzern, die aus Stahl gefertigt waren.

Sehr gut war die Ausstiegsmöglichkeit für die mittransportierte Panzergrenadiergruppe. Die große Hecktüre ließ sich hydraulisch nach unten öffnen, und die Mannschaft konnte das Fahrzeug innert wenigen Sekunden verlassen.

Die tiefen Anschaffungskosten, die hohe Zuverlässigkeit und einfacher Unterhalt verhalfen dem M113 auch zum Exportschlager. Zudem diente das Fahrgestell als Grundlage für eine ganze Familie von Panzerunterstützungsfahrzeugen. Nebst gepanzertem Mannschaftstransporter gab es Varianten als Kommandofahrzeug, Minenwerferträger, Transportfahrzeug, Raketenträger und Flammenwerfer.

Schützenpanzer 63/73, Rampe frei, tief! Panzergrenadiere beim Ausbooten unter Feuerschutz. (VBS/DDPS)

Feuertaufe im Vietnamkrieg

Seine Feuertaufe erlebte der M113 im Vietnamkrieg. Lange zögerte die US Armeeführung, gepanzerte Verbände im Dschungel von Indochina einzusetzen. Trotz weichem Grund, dichtem Dschungel und sumpfigen Reisfeldern sollte der Schützenpanzer Infanteristen geschützt zu Stellungen verschieben, die für die schweren M48 Patton nicht zugänglich waren. Die ersten M113 erreichten Vietnam 1965; sie standen schon im November im Rahmen der Gefechte bei Ap Bau Bang, etwa 45 Kilometer nördlich von Saigon (heute Ho-Chi-Minh-Stadt), im Einsatz, wo Verbände der amerikanischen 1. Infanterie-Division auf Truppen der 9. Division des Vietcong trafen.

Einsatz bei der Schweizer Armee

In Evaluation für einen Kampfschützenpanzer standen aus der Schweiz der Tartaruga von Saurer, der Pirat 18 von Mowag sowie der AMX-VTP aus französischer Produktion.

Trotz dem Pflichtenheft, welches einen Kampfschützenpanzer forderte, beschaffte die Schweiz 1963 den M113, welcher eindeutig nur ein Transportfahrzeug war und anfänglich nicht Teil der Evaluation war. Dieses Umschwenken vom Konzept des Kampfschützenpanzers zu demjenigen des Transportpanzers war durch politische, technische und finanzielle Überlegungen begründet.

Das bereits im Rüstungsprogramm 1961 eingestellte Budget war für 540 Fahrzeuge ausgelegt. Da der M113 wesentlich günstiger war, konnten für den gleichen Betrag mehr Fahrzeuge beschafft werden. Die erste Serie umfasste 800 Fahrzeuge in fünf Varianten:

- Schützenpanzer 63 (Spz 63, 383 Fahrzeuge, später weitere 137 Fahrzeuge)
- Kommandopanzer 63 (Kdo Pz 63, 200 Fahrzeuge, später weitere 375 Fahrzeuge)
- Geniepanzer 63 (G Pz 63, 60 Fahrzeuge, später weitere 60 Fahrzeuge)

- Übermittlungspanzer 63
  (Uem Pz 63, 25 Fahrzeuge)
- Minenwerferpanzer 64 (Mw Pz 64, 132 Fahrzeuge)

Nach dem Kauf von drei weiteren Serien betrug der Höchstbestand an M113 stolze 1573 Fahrzeuge, zu den Varianten gesellten sich noch:

- Kranpanzer 63 (Kran Pz 63, 61 Fahrzeuge, beschafft über das RP 68)
- Feuerleitpanzer 63 (Flt Pz 63, 140 Fahrzeuge, beschafft über die RP 68, 74 und 79)
- Minenräumpanzer 63/00 (Mirm Pz 63/00, 12 Fahrzeuge, beschafft über das RP 2000 und umgebaut aus Spz 63/89)

1964 wurden die ersten M113, mit der Bezeichnung Schützenpanzer 63, auf dem Waffenplatz Thun der Truppe übergeben. Die Eingliederung des M113 ermöglichte die Umwandlung der motorisierten Dragonerbataillone in den Panzerregimentern zu Panzergrenadierbataillonen. Ebenso konnten bei den bereits bestehenden Panzergrenadiereinheiten die Universal Carrier ersetzt werden.

Kampfwertsteigerungen

Der Krieg in Vietnam zeigte schonungslos die Tatsache, dass der Eigenschutz des M113 gegen Panzerabwehrkanonen nicht ausreichte. Auch das mitgeführte 12,7-mm-Maschinengewehr genügte nicht. Die Schweizer Armeeführung sah eine mögliche Kampfwertsteigerung

Schützenpanzer 63/73, Kommando-Version mit Kartentisch, Werkstätte Stiftung HAM, Burgdorf. (Archiv Marc Lenzin)

Schützenpanzer 63/89, Werkstätte Stiftung HAM, Burgdorf. (Archiv Massimo Foti)

des Schützenpanzers 63 nur in der Erhöhung der Feuerkraft. Es schien das Einfachste, eine stärkere Kanone gleichzeitig mit einem neuen Turm zu verbauen. Nach Versuchen mit drei verschiedenen Waffentürmen entschied man sich schließlich für denjenigen der schwedischen Firma Hägglunds. Als Waffe wählte man die 20-mm-Kanone 48 aus den ausgemusterten Flugzeugen Vampire und Venom.

Der Umbau von 625 Fahrzeugen erfolgte durch die Eidgenössische Konstruktionswerkstätte in Thun. Durch den Turmeinbau rechts der Mittellinie des Schützenpanzers, mit neuer Nomenklatur 63/73, musste die Kommandantenkuppel nach links gerückt werden und lag nun unmittelbar hinter und über der Fahrerluke.

Die Bedienung der Waffenanlage und die Munitionszuführung erfolgten unter Panzerschutz. Der Vorrat an 20-mm-Munition war einerseits gegurtet in Munitionsbehältern (Mischungsverhältnis für den Einsatz gegen Erd- und Luftziele), andererseits in Magazinen zu zehn Schuss abgefüllt (für den Einsatz gegen harte Ziele) und im Waffenturm beziehungsweise Mannschaftsraum gelagert.

Typ	Schützenpanzer 63 (Spz 63, M113)
Hersteller	Food Machinery Corporation (FMC), USA
Besatzung	2 + 11 (Panzergrenadiere)
Kennzeichen	M+73706-M+73836, M+73855-M+73950, M+73969-M+74028, M+74047-M+74142 (1. Serie, RP 63), M+74300-M+74436 (2. Serie, RP 68)
Einsatzzeit	1964 - 1975
Gefechtsgewicht	10950 kg
Länge	4860 mm
Breite	2680 mm
Höhe	2190 mm
Motor	GM, V6, Zweitakt Diesel
Leistung	204 PS (18,6 PS/t)
Höchstgeschw.	65 km/h (Strasse)
Kraftstoffvorrat	360 Liter
Fahrbereich	490 km
Bewaffnung	1 x 12,7-mm-MG 64
Panzerung	12 – 44 mm, Aluminiumstruktur

Typ	Schützenpanzer 63/89 (Spz 63/89, M113)
Hersteller	Food Machinery Corporation (FMC), USA
Besatzung	3 + 7 (Panzergrenadiere)
Kennzeichen	-
Einsatzzeit	1990 - 2005
Gefechtsgewicht	13000 kg
Länge	5400 mm
Breite	3000 mm
Höhe	2570 mm
Motor	GM, V6, Zweitakt, Diesel
Leistung	265 PS (20,4 PS/t)
Höchstgeschw.	64 km/h (Strasse)
Kraftstoffvorrat	360 Liter
Fahrbereich	375 km
Bewaffnung	1 x 20-mm-Kanone 48/73 Hispano-Suiza, 1 x 7,1-cm-Leuchtgeschosswerfer 74
Panzerung	12 – 44 mm, Aluminiumstruktur, Zusatzpanzerung aus Panzerstahl

Die im Schützenpanzer 63/73 eingebaute Kanone HS 404 mit einer Kadenz von 750 bis 800 Schuss pro Minute erreichte Einsatzdistanzen gegen weiche Ziele bis 2000 Meter und gegen harte Ziele bis 1200 Meter.
Mit der Einführung des Panzers 87 Leopard hielt der Schützenpanzer 63/73 endgültig nicht mehr Schritt. Da sich die Beschaffung eines neuen Kampfschützenpanzers verzögerte, wurden 382 bestehende Modelle der Serie 63/73 einer erneuten Kampfwertsteigerung unterzogen. Die kampfwertgesteigerte Variante Schützenpanzer

Typ	Schützenpanzer 63/73 (Spz 63/73, M113)
Hersteller	Food Machinery Corporation (FMC), USA
Besatzung	3 + 7 (Panzergrenadiere)
Kennzeichen	-
Einsatzzeit	1975 - 2007
Gefechtsgewicht	11900 kg
Länge	4860 mm
Breite	2680 mm
Höhe	2550 mm
Motor	GM, V6, Zweitakt, Diesel
Leistung	204 PS (17,1 PS/t)
Höchstgeschw.	65 km/h (Strasse)
Kraftstoffvorrat	360 Liter
Fahrbereich	490 km
Bewaffnung	1 x 20-mm-Kanone 48/73 Hispano-Suiza, 1 x 71-mm-Leuchtgeschosswerfer 74
Panzerung	12 – 44 mm, Aluminiumstruktur

63/89 besaß eine zusätzliche Panzerung. Die treppenförmigen Lochbleche dieser Zusatzpanzerung verbreiterten den Schützenpanzer auf über drei Meter und erhöhten das Gewicht. Dies bedingte den Einbau eines stärkeren Dieselaggregats (Detroit Diesel 6V53T, 195 kW, 265 PS), einer neuen Motorbremse, eines modifizierten Lenk-Bremssystems und die Modifikation des Fahrwerks durch verstärkte Torsionsstäbe und zusätzlichen Stoßdämpfer. Weiter wurden die Fahrzeuge mit einer Nebelwerferanlage ausgerüstet.

Ein Kampfschützenpanzer ist gefordert

Auch wenn der M113 durch sinnvolle Modifikationen Kampfwertsteigerungen erfuhr, blieb er primär ein bewaffnetes und gepanzertes Transportfahrzeug für Mannschaften. Die Bemühungen der Amerikaner, das Fahrzeug im Einsatz in Vietnam mit weiteren Bordwaffen und mit Schutzschildern zum Schutze der Bedienungsmannschaften zu versehen, zeigten eindrücklich, dass das Fahrzeug in seiner Konzeption den modernen Anforderungen als Kampffahrzeug für die Panzergrenadiere nicht mehr genügte.
Eine erneute Schützenpanzer-Evaluation führte die Schweizer Delegation in den hohen Norden, nach Schweden, wo ein Fahrzeug produziert wurde, das sich über strategische und taktische Mobilität und durch Luftverteidigungs- und Panzerabwehrfähigkeit auszeichnete.

RADSCHÜTZENPANZER 93 (PIRANHA IIC 8X8) PANZERJÄGER 90 (PIRANHA I 6X6)

Mit der Erweiterung des Aufgabenspektrums der Infanterie auf die Bereiche Friedensförderung und Existenzsicherung gewannen gepanzerte Radfahrzeuge nach dem Ende des Kalten Krieges an Bedeutung. Im Rahmen der Motorisierung der Infanterie evaluierte die Schweizer Armee den Einsatz von Radschützenpanzern und fand Lösungen bei der in der Schweiz ansässigen Firma Mowag in Kreuzlingen.

Das Wesen der motorisierten Infanterie

Motorisierte Infanteristen haben eine grundsätzlich andere Funktion als Panzergrenadiere. Während die Panzergrenadiere primär im Rahmen von mechanisierten offensiven Aktionen im Verbund mit Kampfpanzern zum Einsatz kommen und das Gefecht so lange wie möglich auf den Schützenpanzern aufgesessen führen, erfüllt die Infanterie ihre Aufgabe nach wie vor abgesessen. Sie nutzt die Fahrzeuge vor allem für die rasche Verschiebung von Truppen im Raum. Dadurch ergeben sich grundlegend unterschiedliche Anforderungen an das Fahrzeug.
Ein Kampfschützenpanzer muss über hohe Feuerkraft und starke Panzerung verfügen, um die Panzergrenadiere auch unter gegnerischem Feuer zu ihrem Absitzpunkt zu bringen. Er muss zudem duellfähig mit gegnerischen Kampfschützenpanzern sein und hinsichtlich der Mobilitätseigenschaften mit einem Kampfpanzer mithalten können. Die Infanterie hingegen benötigt ein splittergeschütztes Transportfahrzeug, um im rückwärtigen Raum – allenfalls unter Artilleriebeschuss, aber in der Regel nicht gegnerischem Direktfeuer ausgesetzt – ihre Kräfte vorzugsweise auf der Straße zu verschieben. Der Kampf wird hingegen abgesessen geführt, die Fahrzeuge müssen daher nicht duellfähig sein.

Evaluation von Radschützenpanzern

Als Transportmittel für die motorisierte Infanterie der Schweizer Armee sollten entsprechend schnelle, splittergeschützte Transportpanzer beschafft werden.
Dabei liess man sich von den folgenden Anforderungen leiten:

- Transport- und Kampffahrzeuge mit kleiner Silhouette, hohe Beweglichkeit zu Land und zu Wasser
- Schutz gegen Handfeuerwaffen und ABC-Einwirkung
- hohe Wirtschaftlichkeit in Bezug auf Anschaffung, Betrieb und Unterhalt

Mowag Piranha 6x6, Kommandofahrzeug mit 12,7-mm-Maschinengewehr 2007, Waffenplatz Thun. (VBS/DDPS)

Mowag Piranha Panzerjäger TOW 6x6, Waffenturm feuert eine PAL TOW ab, Schießplatz Hinterrhein. (VBS/DDPS)

Die Firma Mowag

Die Wahl fiel auf ein Produkt der Firma Mowag in Kreuzlingen, einer der weltweit bedeutendsten Hersteller von gepanzerten Radfahrzeugen. Zusammen mit ausländischen Lizenznehmern hat Mowag bisher rund 3000 Radschützenpanzer Piranha in über 30 verschiedenen Versionen produziert. Seit 2003 gehört die Firma zum amerikanischen Rüstungskonzern General Dynamics. Aufgrund der Erfahrungen und technischen Möglichkeiten entschied sich die Mowag, die neue Schützenpanzerfamilie als Radtypen zu konzipieren.

Ein Radschützenpanzer ist ein leicht gepanzertes, geländegängiges Transportfahrzeug, mit der Funktion, Truppen unter Panzerschutz möglichst rasch zum Brennpunkt des Kampfgeschehens zu transportieren.

Dank dem Zusammenwirken verschiedener innovativer Techniken kommen die Piranhas hinsichtlich der Traktion einem Kettenfahrzeug – selbst unter schwierigsten Bedingungen – sehr nahe. Der Radschützenpanzer Mowag Piranha steht bei diversen Armeen erfolgreich im Einsatz, so beispielsweise beim US Marine Corps und bei der kanadischen Armee unter der Bezeichnung LAV-25, bei der US Army als Stryker und bei der australischen Armee als LAV (Light Armoured Vehicle). Die Piranhas bewährten sich in zahlreichen kriegerischen Einsätzen rund um den Globus, wie zum Beispiel beim Militärputsch in Bolivien, im Krieg in Afghanistan wie auch beim Einmarsch der saudi-arabischen Truppen in Bahrain.

Technik

Die Piranha-Familie von Mowag besteht aus den vollamphibischen Typen 4x4, 6x6 und 8x8. Dabei sind Wannenhöhe, -breite und –form sowie Räder, Radantriebe, Differenziale, Federung, Lenkung, Wasserantrieb, Türen und Luken aller drei Modelle gleich. Die klare Konzeption mit der gesamten in einem Block untergebrachten Antriebsgruppe vorne und dem sich daneben befindenden Führerstand ermöglicht den vielseitigen Einsatz.

Der hinter der Schottwand zur Antriebsgruppe liegende Nutzraum steht der Aufnahme von Waffen, Mannschaft und Material uneingeschränkt zur Verfügung. Die Panzerung der Piranhas widersteht Maschinengewehrfeuer bis Kaliber 7,62 mm. Durch die günstige Formgebung, die kleine Silhouette und die hohe Beweglichkeit der Fahrzeuge wird der Schutz erhöht.

Standardmäßig ist ein Dieselmotor mit 320 PS und ein automatisches Fünf-Gang-Getriebe verbaut. Das modern ausgelegte Laufwerk mit Einzelradaufhängung, großen Federwegen und hydraulischen Stoßdämpfern ermöglicht eine erstaunliche Geländegängigkeit. Bei den Reifen handelt es sich um schusssichere Ausführungen.

Ein wesentliches Element der Beweglichkeit der Piranhas ist ihre Schwimmfähigkeit. Ohne Zusatzausrüstung und Vorbereitung überqueren die Fahrzeuge stehende und fließende Gewässer. Mit zwei Schrauben erzielt der Antrieb eine Wasserfahrgeschwindigkeit von bis zu 10 km/h.

Panzerjäger 90 (Piranha I 6x6)

Die Schweizer Armee beschloss im Rahmen des Rüstungsprogramms 86 die Beschaffung von 310 Mowag Piranha IB 6x6 unter der Bezeichnung Panzerjäger 90 (Pzj 90) für die Panzerabwehr.

Mowag Piranha 6x6, Kommandofahrzeug mit 12,7-mm-Maschinengewehr 2007, Vorbeimarsch bei »Thun meets Army«, Oktober 2016. (VBS/DDPS)

Am Turm sind, neben acht 7,6-cm-Nebelwerfern, zwei Startvorrichtungen für TOW-Panzerabwehrlenkwaffen montiert. Im Fahrzeuginneren lagern 10 BGM-71D TOW-2, die mit einer halbautomatischen Vorrichtung in den Waffenturm geladen werden. Für die 310 Panzerjäger 90 beschaffte die Schweizer Armee 12.000 TOW-Lenkwaffen. Die

Typ	Panzerjäger 90 (Pzj 90, Piranha I 6x6)
Hersteller	Mowag Motorwagenfabrik AG, Kreuzlingen, Schweiz
Besatzung	5
Kennzeichen	-
Einsatzzeit	seit 1990
Gefechtsgewicht	10200 kg
Länge	6280 mm
Breite	2500 mm
Höhe	2970 mm
Motor	Detroit 6 Zylinder, Diesel
Leistung	275 PS (27,0 PS/t)
Höchstgeschw.	80 km/h (Straße)
Kraftstoffvorrat	180 Liter (2 Tanks links und rechts)
Fahrbereich	540 km
Bewaffnung	Waffenturm mit 2 x Panzerabwehrlenkwaffen TOW 8 x 7,6-cm-Nebelwerfer
Panzerung	Panzerstahlstruktur

fünfköpfige Besatzung besteht aus Fahrer, Kommandant, Schütze, Ersatzschütze und Gefechtsordonnanz.

Aufgrund seiner leichten Panzerung kann sich der Panzerjäger nicht auf Duelle mit Kampfpanzern einlassen. Sein Vorteil ist die Einsatzdistanz der Lenkwaffe, die maximal 3750 Meter beträgt, wobei die TOW-Lenkwaffe unabhängig von der Distanz bis zu 900 mm Panzerstahl durchschlagen kann.

Bei einem Einsatz wartet das Fahrzeug getarnt, bis sich der Gegner in Reichweite befindet. Nach der Bekämpfung des Ziels zieht sich der Panzerjäger dann unter Nebelwurf zurück. Weil dem Fahrzeug ein Maschinengewehr fehlt, ist es durch Infanterie leicht verwundbar, sodass sein einziger Schutz in der hohen Beschleunigung und den Nebelwerfern besteht.

Ab 2006 wurden 160 Fahrzeuge zu Kommando-Radschützenpanzern umgebaut. Mit dem Rüstungsprogramm 2018 stellte die Schweizer Armee den Panzerjäger 90 außer Dienst, seit 2025 sind die Fahrzeuge nicht mehr im Truppendienst.

Radschützenpanzer 93 (Piranha IIC 8x8)

Radschützenpanzer 93 lautet die Bezeichnung des Mowag Piranha IIC 8x8 innerhalb der Schweizer Armee. Das Fahrzeug verfügt über vier Achsen, wobei der Antrieb primär über die hinteren Achsen läuft, allerdings können auch die vorderen Achsen bei Bedarf zugeschaltet werden. Die speziell angefertigten Räder erlauben es dem Radschützenpanzer 93, im Notfall auch ohne Luft im Reifen zu fahren.

Das Fahrzeug verfügt über ein Antiblockiersystem (ABS) in zwei verschiedenen Modi. Der Modus »Strasse« repräsentiert das normale ABS, wie es auch in einem herkömmlichen Pkw zu finden ist. Im Modus »Gelände« greift das ABS nur bei Geschwindigkeiten ab 15 km/h. Im Gelände erlaubt dies dem Fahrer den Einsatz von Rutschmanövern zum schnellen Richtungswechsel. Dabei erfolgt die Steuerung über die vorderen Achsen.

Die Schweizer Armee unterhält in ihrer Flotte drei Versionen von Radschützenpanzern:

- Die Schützenpanzer-Ausführung bietet Platz für neun Infanteristen.
- Die PAL-Ausführung (PAL = Panzerabwehrlenkwaffen) bietet Platz für sieben Infanteristen. Integriert sind weitere Halterungen für Panzerabwehrlenkwaffen PAL BB 77 Dragon.
- Die Kommando-Ausführung bietet im Laderaum einen Tisch und erweiterte Kommunikationsmittel.

Jeder Bataillonsstab einer Kampfformation verfügt über einen Radschützenpanzer mit INTAFF (Integriertes Artillerie-Führungs- und Feuerleitsystem), um Artillerieunterstützung anzufordern.

Bewaffnet ist der Radschützenpanzer 93 mit einem Ein-Mann-Waffenturm vom Typ 606 A1-CH der deutschen Firma Kuka. Am Waffenturm ist auf einer Scheitellafette ein 12,7-mm-Maschinengewehr 64/93 montiert. Den Waffenturm steuert der Schütze im Inneren des Panzers durch manuelles Betätigen zweier Räder.

Die Schussabgabe erfolgt über einen elektronischen Abschussschalter an der linken Kurbel. Sollte die Elektronik versagen, kann der Abzug auch mit den Beinen betätigt werden. Zudem sind am Waffenturm acht 7,6-cm-Nebelwerfer angebracht. Zur Kommunikation ist der Radschützenpanzer mit mindestens einem Funkgerät vom Typ SE 325 ausgestattet. Er verfügt ferner über ein internes Kommunikationssystem, das es dem Fahrer, dem Kommandanten, dem Schützen und dem Gruppenführer erlaubt, im Panzer miteinander zu sprechen.

Piranha IIIC

Mit dem Rüstungsprogramm 2002 wurde der Piranha IIIC in der Schweizer Armee eingeführt (36 Fahrzeuge Radio Access Point RAP). Seither wurden auf der Basis Piranha IIIC verschiedene Spezialfahrzeuge beschafft:

Mowag Piranha Radschützenpanzer 8x8, mit 12,7-mm-Maschinengewehr 64/93, und gut ersichtlich die acht 7,6-cm-Nebelwerfer. (VBS/DDPS)

Mowag Piranha Radschützenpanzer 8x8, mit 12,7-mm-Maschinengewehr 64/93, Militärpolizei-Einsatz. (VBS/DDPS)

- RAP Pz (Radio Access Point, 36 Fahrzeuge, RP 2002, Einsatz ab 2005)
- Fhr Pz (6 Fahrzeuge, RP 2002, Einsatz ab 2005)
- Kompak Pz (12 Fahrzeuge, RP 2007, Einsatz ab 2014)
- Mehrzwecksender MZS Pz SE-630 (8 Fahrzeuge, RP 2007, Einsatz ab 2011)
- Komm Pz (8 Fahrzeuge, RP 2007, Einsatz ab 2011)
- Fhr Pz FIS HE INTAFF (6 Fahrzeuge, RP 2007, Einsatz ab 2011)
- ABC Aufkl Fz (12 Fahrzeuge, RP 2008/2011 (Nachkredit), Einsatz ab 2015)

Typ	Radschützenpanzer 93 (Rad Spz 93, Piranha IIC 8x8)
Hersteller	Mowag Motorwagenfabrik AG, Kreuzlingen, Schweiz
Besatzung	3 + 9 (Füsiliere)
Kennzeichen	-
Einsatzzeit	seit 1995
Gefechtsgewicht	13400 kg
Länge	6970 mm
Breite	2630 mm
Höhe	2780 mm
Motor	Detroit 6 Zylinder, Diesel
Leistung	284 PS (21,2 PS/t)
Höchstgeschw.	80 km/h (Straße)
Kraftstoffvorrat	180 Liter (2 Tanks links und rechts)
Fahrbereich	540 km
Bewaffnung	1 x 12,7-mm-Maschinengewehr 64/93, 8 x 7,6-cm-Nebelwerfer
Panzerung	Panzerstahlstruktur

Piranha IV und V

Um die Betriebs- und Unterhaltskosten zu senken, sollen die zukünftig zu beschaffenden gepanzerten Radfahrzeuge auf dem Piranha IV oder V basieren (Projekt »Geschützte Radfahrzeuge Neue Generation«). Aktuell laufende Beschaffungsprojekte umfassen den 12-cm-Mörser 16 (Piranha IV 8x8), den Pionierpanzer 21 (Piranha V 8x8) und die Panzerhaubitze 25 (Piranha V 10x10).

Typ	Piranha IIIC 8x8 (ABC Aufkl Fz, RAP Pz, MZS Pz, Komm Pz, Fhr Pz, Fhr Pz FIS HE INTAFF)
Hersteller	GDELS Mowag GmbH, Kreuzlingen, Schweiz
Besatzung	4 (ABC Aufkl Fz)
Kennzeichen	-
Einsatzzeit	seit 2005 (RAP Pz)
Gefechtsgewicht	22000 kg
Länge	7850 mm (ABC Aufkl Fz)
Breite	2750 mm (ABC Aufkl Fz)
Höhe	3700 mm (ABC Aufkl Fz)
Motor	Caterpillar C-9, 6 Zylinder, Turbodiesel
Leistung	400 PS (18,2 PS/t)
Höchstgeschw.	80 km/h
Kraftstoffvorrat	320 Liter
Fahrbereich	500 km (Strasse)
Bewaffnung	Waffenstation Kongsberg (optional) mit 1 x 12,7-mm-Maschinengewehr C7 8 x 7,6-cm-Nebelwerfer
Panzerung/Schutz	ABC-Schutzanlage Feuerlöschanlage (Triebwerkraum) Panzerstahlstruktur mit integriertem Minenschutz, übertrifft STANAG 4569 KE Level 3 (7,62 mm x 51 AP WC) übertrifft STANAG 4569 Minenschutz Level 2a (6 kg TNT unter dem Fahrzeug) bzw 3b (8 kg TNT unter dem Rad)

SCHÜTZENPANZER 2000 (COMBAT VEHICLE 9030)

Der Schützenpanzer 2000 (Spz 2000) ist der modernste Kampfschützenpanzer der Schweizer Armee. Die Beschaffung von 186 Fahrzeugen erfolgte über das Rüstungsprogramm 2000, seit 2004 sind die Fahrzeuge bei den Panzerbataillonen im Einsatz. Mit dem Rüstungsprogramm 2020 hat das Parla-ment einer Verlängerung der Nutzungsdauer bis 2040 zugestimmt.

Entwicklung

Mit der Einführung der Panzer 87 waren die Panzergrenadiere mit dem Schützenpanzer 63/89 nicht mehr in der Lage, den Kampfpanzern im Gelände mit der nötigen Geschwindigkeit zu folgen. Zudem war er, trotz allen Modifikationen, immer noch nicht der Kampfschützenpanzer, den die Truppe eigentlich forderte. Entsprechend stellte sich die Frage nach einem Nachfolgefahrzeug. Die Studien dazu begannen in den 1990er Jahren, in den Evaluationen 1998/1999 setzte sich das schwedische Combat Vehicle 90 (CV 90) gegen den deutschen Marder M12 und den britischen Warrior durch.

Die schwedische Armee hatte sich schon Anfang der 1980er Jahre mit ähnlichen Fragen beschäftigt, wie sie jetzt die Armeeführung in der Schweiz umtrieben. Der neue Schützenpanzer sollte über eine hohe strategische und taktische Mobilität sowie Luftverteidigungs- und Panzerabwehrfähigkeit bei möglichst hoher Überlebensfähigkeit verfügen und in der Lage sein, gegnerische Schützenpanzer in Duellsituationen zu vernichten.

Da keine der auf dem Markt angebotenen Fahrzeugfamilien den Anforderungskatalog erfüllte, entschied sich das schwedische Beschaffungsamt Försvarets Materielverk (FMV) für eine Eigenentwicklung und beauftragte 1984 ein Konsortium von AB Hägglunds & Söner und Bofors AB mit der Entwicklung des Stridsfordon 90 (Combat Vehicle 90). 1986 begann die Prototypenfertigung.

Der erste Prototyp wurde im Oktober 1988 für Truppenversuche an die schwedischen Streitkräfte ausgeliefert, weitere vier Exemplare in unterschiedlichen Konfigurationen (z.B. 25-mm-Bushmaster M242 anstelle von 40-mm-Bofors 40/70B beim Prototyp 2, Flugabwehr-

Schützenpanzer 2000 (CV9030). (VBS/DDPS)

Schützenpanzer 2000 (CV9030). (VBS/DDPS)

kanonen beim Prototyp 5) folgten bis Anfang 1989. Die Truppenerprobung zog sich bis 1990 hin und wurde unter unterschiedlichen klimatischen Bedingungen durchgeführt.
Im März 1991 bestellte das FMV das erste Baulos von Kampfschützenpanzern (CV9040). Die Auslieferung des ersten Serienfahrzeugs an die schwedischen Streitkräfte erfolgte am 1. November 1993, in der Truppe genutzt wurde der CV9040 ab 1994.
Das zweite Baulos wurde 1993 ausgelöst und beinhaltete den Flugabwehrkanonenpanzer (Luftvärnskanonvagn 90), den Führungspanzer (Stridsledningspansarbandvagn 90), den Aufklärungspanzer (Eldledningspansarbandvagn 90) und den Bergepanzer (Bärgningsbandvagn 90).
Das dritte Baulos mit zusätzlichen Kampfschützenpanzern und das vierte mit weiteren Führungs- und Aufklärungspanzern und kampfwertgesteigerten Schützenpanzern (CV9040B) folgten 1994.
Der Auftrag für die schwedischen Streitkräfte umfasste insgesamt 509 Fahrzeuge in unterschiedlichen Konfigurationen:

- Kampfschützenpanzer CV 9040, CV 9040B
- Flugabwehrkanonenpanzer CV 9040AAV Anti-Air Vehicle
- Führungspanzer CV 90FCV Forward Command Vehicle
- Aufklärungspanzer CV 90FOV Forward Observation Vehicle
- Bergepanzer CV 90ARV Armoured Recovery Vehicle

Norwegen kam 1994 als erster Exportkunde dazu, die bestellten 104 Fahrzeuge mit einer anderen Bewaffnung (30-mm-Bushmaster) und Motorisierung wurden zwischen 1998 und 2000 an die norwegischen Streitkräfte ausgeliefert. Mittlerweile ist das CV 90 auch in den Niederlanden, in Dänemark, Estland, Finnland und der Ukraine in verschiedenen Versionen im Einsatz. Die Slowakei und Tschechien haben in Folge des Ukrainekrieges die neuste Version Mark IV bestellt, deren Auslieferung gestaffelt voraussichtlich bis 2030 läuft.

Technik

Der Schützenpanzer 2000 basiert im Wesentlichen auf dem norwegischen CV9030N (Mark I). Die Änderungen und Anpassungen gegenüber dem originalen CV9040A betreffen die Bewaff-nung (30-mm-Bushmaster II MK 44 anstelle von 40-mm-Bofors 40/70), ein anderes Maschinengewehr (7,5-mm-Mg 51/00), einen modifizierten Antrieb, eine zusätzliche Luke für den Grup-penführer auf dem Fahrzeugheck, die Verlängerung des Mannschaftsraumes um 200 mm, eine neue Heckrampe sowie das Fahrzeuginformationssystem mit CAN-Bus. Das CV9030CH entspricht dem Entwicklungsstand Mark II.
Die Fahrzeugbesatzung besteht aus dem Kommandanten, dem Richter und dem Fahrer. Der Mannschaftsraum befindet sich hinter dem Turm und bietet Platz für eine voll ausgerüstete Panzergrenadiergruppe (Gruppenführer und sieben Panzergrenadiere).
Die 30-mm-Schützenpanzerkanone 00 (Spz Kan 00, Kadenz 200 pro min) verschiesst folgende Kampfmunition:

- 30 mm x 173 Pfeil Pat Lsp APFSDS-T v0 1405 m/s
- 30 mm x 173 Mzwk Pat Lsp APIDS-T v0 1405 m/s

Die Kampfdotation besteht grundsätzlich aus Pfeil Pat Lsp und Mzwk Pat im Verhältnis 1 zu 1, welche über zwei getrennte Munitionskanäle (oben/unten) zugeführt werden. 1. Bereitschaft: 80 Pfeil Pat Lsp, 80 Mzwk Pat; 2. Bereitschaft: 120 Pfeil Pat Lsp, 120 Mzwk Pat.
Das 7,5-mm-Panzermaschinengewehr 51/00 (Pz Mg 51/00, Kadenz 500 oder 1000 Schuss pro min) verschiesst 7,5 mm x 55 GP 11 und 7,5 mm GP 11 Lsp im Verhältnis 3 zu 1. 1. Bereitschaft Pz Mg 51/00: 500 Schuss, 2. Bereitschaft: 1600 Schuss.
Die Panzergrenadiergruppe führt grundsätzlich acht Sturmgewehre 1990 (Stgw 90), zwei leichte Maschinengewehre (LMg) und vier Panzerfäuste (PzF) mit.
Mit Hilfe der 7,6-cm-Nebelwurfanlage (1 Salve à 8 Nb Pat 87/95)

Schützenpanzer 2000 (CV9030). (VBS/DDPS)

kann der Kommandant vor dem Fahrzeug eine Nebelwand erzeugen (Wirkung 100 m pro Seite, Aufbau 5 s, Dauer 90-120 s), um es der gegnerischen Sicht zu entziehen.

Der Schützenpanzer 2000 bietet durch seine Panzerstahlstruktur im Seiten- und Heckbereich Schutz gegen schwere Maschinengewehre (14,5 mm x 114 API) sowie Granatsplitter und im Frontbereich gegen Maschinenkanonen von Kampfschützenpanzern. Durch das Anbringen der Zusatzschutzplatten kann der ballistische Schutz bei Bedarf verstärkt werden.
Das eingesetzte Triebwerk (Scania DI16 40A04P, Acht-Zylinder-Mehrstoff-Diesel, V90°, mit 460 kW und Perkins X300-8CH hydromechanisches Schalt-, Wende- und Lenkgetriebe mit vier Vor-wärts- und zwei Rückwärtsgängen) verleiht dem Schützenpanzer 2000 eine mittlere spezifische Leistung von 16 kW/t (22 PS/t) und damit sehr gute Beschleunigungseigenschaften sowie eine hohe Wendigkeit.

Typ	Schützenpanzer 2000 (Spz 2000), Kommandoschützenpanzer 2000 (Kdo Spz 2000)
Hersteller	BAE Systems Hägglunds, Schweden
Besatzung	3 + 8 (Panzergrenadiere)
Einsatzzeit	seit 2004
Gefechtsgewicht	28100 kg
Länge	6790 mm
Breite	3166 mm
Höhe	2855 mm
Motor	Scania DI16 40A01P, 8 Zylinder, Turbodiesel
Leistung	625 PS (22,2 PS/t)
Höchstgeschw.	66 km/h
Kraftstoffvorrat	940 Liter
Fahrbereich	620 km Straße, 400 km Gelände
Bewaffnung	1 x 30-mm-Maschinenkanone TA 25 (ATK Gun Systems MK 44), 1 x 7,5-mm-Maschinengewehr 51/00, 8 x 7,6-cm-Nebelwerfer Abgesessene Formationen: Panzerfaust
Panzerung/ Schutz	ABC-Schutzanlage, Feuerlöschanlage (Triebwerkraum) Verbundpanzerung (klassifiziert)

Schützenpanzer 2000 (CV9030). (VBS/DDPS)

Schützenpanzer 2000 (CV9030). (Archiv Franz Knuchel)

Die Höchstgeschwindigkeit beträgt 66 km/h, mit dem Kraftstoffvorrat von 640 Liter wird eine nominelle Reichweite von 640 km auf der Strasse und von 400 km im Gelände erreicht. Das Fahrzeug überschreitet Gräben bis 2,6 m, klettert über Hindernisse bis 1 m, überwindet Bö-schungen bis 30° (60 %) und kann bis zu einer Tiefe von 1,2 bzw. 1,5 m (nach entsprechender Vorbereitung) waten. Der Kommandoschützenpanzer 2000 unterscheidet sich vom Kampfschützenpanzer durch zwei zusätzliche Funkgeräte mit den entsprechenden Antennen auf dem Fahrzeugheck und zwei links und rechts auf dem Fahrzeugheck verstaute Teleskopantennenmasten.

Einsatz in der Schweizer Armee

Die Beschaffung von 186 Schützenpanzern 2000 (154 Kampfschützenpanzer, 32 Kommando-panzer) und 40 Sätze Zusatzschutz wurde am 26. September 2000 durch die Bundesversammlung gebilligt. Vierzig Prozent der Produktion entfielen auf die Schweiz, darunter die Lizenzpro-duktion der Maschinenkanone durch Oerlikon Contraves AG und die Endmontage des Turmes bei der Schweizerischen Unternehmung für Waffensysteme SW, der heutigen RUAG Land Sys-tems. Die Fahrzeuge wurden zwischen 2003 und 2005 an die Panzertruppe ausgeliefert und sind seit 2004 im Einsatz.

Schützenpanzer 2000 (CV9030). (VBS/DDPS)

Nach fast zwanzig Jahren Einsatz waren einige Komponenten technisch veraltet, Ersatzteile teilweise nicht mehr vorhanden und/oder konnten nicht nachbeschafft werden. Aus diesem Grund wurde mit dem Rüstungsprogramm 2020 bei einem Kreditrahmen von 438 Millionen Schweizer Franken eine Nutzungsverlängerung für alle 186 Schützenpanzer 2000 (inklusive Kommandoversionen) beantragt, um die Flotte bis 2040 weiter betreiben zu können. Generalunternehmer für die Nutzungsverlängerung ist der schwedische Originalhersteller (BAE Systems Hägglunds), während RUAG Defence in Thun den grössten Teil der Arbeiten ausführt.

Die Fahrzeuge werden zwischen 2022 und 2026 komplett revidiert und mit folgenden neuen Komponenten ausgerüstet:

- Fahrzeugkontrollsystem (VCS): Ersatz aller Computer, leistungsfähiges Ethernet-Netzwerk, Touch-Displays für alle Besatzungsmitglieder
- Fahrzeuginformationssystem (VIS): Integration der neuen Komponenten, neue Bedienoberfläche, zusätzliche Funktionen
- Videoanlage: Wärmebildgerät (3. Generation), Rohrparallelkamera, nachsichttaugliche Front- und Rückfahrkameras, seitliche Kameras
- Bedienkasten für den Fahrer, Nebelwerfer- und Multifunktionsbediengerät
- Erhöhung des Munitionsvorrats für das Maschinengewehr
- Stromerzeugeraggregat (APU) und leistungsfähigere Klimaanlage
- Fahrwerk: Aktives Dämpfungssystem, Anti-Eintauch-System (zur Verhinderung des Einnickens des Fahrwerkes bei starken Bremsmanövern)
- Integration neuer schultergestützter Mehrzweckwaffen (NLAW, RGW)

- Verstärkung der Wanne, Integration einer Abschleppkupplung (Bergepanzer Büffel)

Die Indienststellung bei der Truppe erfolgte ab 2024 unter der Bezeichnung Schützenpanzer 2000 WE (Werterhalt) und wird bis Ende 2026 abgeschlossen. Mit den Änderungen wird vor allem die Führungsfähigkeit der Fahrzeuge deutlich verbessert.

Typ	Schützenpanzer 2000 WE (Spz 2000 WE) Kommandoschützenpanzer 2000 WE (Kdo Spz 2000 WE)
Einsatzzeit	seit 2024
Gefechtsgewicht	28700 kg
Fahrzeugsysteme	Stromerzeugeraggregat (APU), Klimaanlage (AC), 360° Kamerasystem
Leistung	625 PS (21,8 PS/t)
Bewaffnung	Abgesessene Formationen: NLAW, RGW 90

Schützenpanzer 2000 WE (CV9030). (Kdo Vsu VBA 2)

GEPANZERTES MANNSCHAFTSTRANSPORTFAHRZEUG (DURO)

Das Gepanzerte Mannschaftstransportfahrzeug (GMTF) ist das modernste Mannschaftstransportfahrzeug der Schweizer Armee. Die Beschaffung von total 420 Fahrzeugen erfolgte über die Rüstungsprogramme 2008, 2011 sowie 2013. Die Fahrzeuge ergänzen seit 2011 die bestehende Radschützenpanzerflotte 93/97 bei der Infanterie.

Entwicklung

Der GMTF ist eine Weiterentwicklung des Duro IIIP und sollte als Ergänzung zu den bestehenden Radschützenpanzern 93 beschafft werden, um eine Vollausrüstung der Infanteriebataillone mit gepanzerten Transportfahrzeugen zu erreichen.

Im Vergleich zum Radschützenpanzer 93 wies das Konzept GMTF tiefere Beschaffungskosten bei einem gleichzeitig höheren ballistischen Schutzniveau auf. Eine Beschaffung von weiteren Schützenpanzern 2000 für die Infanterie erwies sich in finanzieller Hinsicht als unrealistisch, zumal nicht einmal die ursprünglich geplante zweite Tranche Schützenpanzer 2000 für die Panzertruppe beschafft wurde.

Aufgrund der Tatsache, dass sich 2008 bei der Schweizer Armee bereits über 3000 Fahrzeuge vom Typ DURO in unterschiedlichen Ausführungen (DURO I, DURO I geschützt, DURO IIIP) im Einsatz befanden, wurde auch aus logistischer Sicht eine Beschaffung des GMTF bevorzugt.

Mit dem Kredit für Ausrüstung und Erneuerungsbedarf (AEB) wurden 2006 sechs DURO IIIP 6x6 für den Friedensförderungsdienst beschafft und im Juni 2007 an SWISSINT ausgeliefert. Aufgrund der Truppenversuche und der Einsatzerfahrung konnte dem DURO IIIP Ende 2007 die Truppentauglichkeit attestiert werden. Da es sich folglich beim Beschaffungsantrag GMTF mit dem Rüstungsprogramm 2008 um eine Folgebeschaffung handelte, wurde auf eine eigentliche Evaluation verzichtet.

Technik

Die Fahrzeugbesatzung besteht aus dem Kommandanten, dem Schützen und dem Fahrer. Der Mannschaftsraum befindet sich hinter

Gepanzertes Mannschaftstransportfahrzeug (GMTF). (VBS/DDPS)

Gepanzertes Mannschaftstransportfahrzeug (GMTF) basierend auf DURO IIIP 6x6 der Firma MOWAG bei Gefechtsdemonstration bei Abschuss des 7,6-cm-Nebelwerfer (Nbw). (VBS/DDPS)

dem Turm und bietet Platz für eine voll ausgerüstete Infanteriegruppe (Gruppenführer und sieben Infanteristen).

Das Fahrzeug verfügt über eine stabilisierte Waffenstation Kongsberg mit einem 12,7-mm-Maschinengewehr 07. Mit Hilfe der auf der Waffenstation integrierten 7,6-cm-Nebelwurfanlage (2 Salven à 4 Nb Pat 87/95) kann der Kommandant vor dem Fahrzeug eine Nebelwand erzeugen (Wirkung 50 m pro Seite, Aufbau 5 s, Dauer 90–120 s), um es der gegnerischen Sicht zu entziehen.

Das GMTF bietet durch seine Panzerstahlstruktur und die Zusatzschutzplatten aus hochhartem Panzerstahl einen Rundumschutz gegen Sturm- und Maschinengewehrbeschuss mit panzerbrechender Munition (7,62 mm x 51 AP WC, Wolframkarbidkern), gegen

Gepanzertes Sanitätsfahrzeug GSANF, aufgenommen in Buochs, Mai 2019. (SWISSINT)

Beschuss mit Scharfschützengewehren (7,62 mm x 54R AP, z.B. Dragunov) sowie Granatsplitter. Das Fahrzeug verfügt über einen integrierten Minenschutz (Zwischenboden, von der Struktur entkoppelte Sitze, spezielle Befestigungssysteme für mitgeführtes Material).

Das eingesetzte Triebwerk (Cummins ISB 6.7, CM2150 SM, Sechs-Zylinder-Diesel, Reihenmotor, mit 185 kW und Allison 2500 SP Getriebe mit fünf Vorwärtsgängen und einem Rückwärtsgang) verleiht dem GMTF eine mittlere spezifische Leistung von 14,5 kW/t (17,9 PS/t) und damit gute Beschleunigungseigenschaften sowie eine hohe Wendigkeit. Die Höchstgeschwindigkeit beträgt 90 km/h im Straßengang und 55 km/h im Geländegang, mit dem Kraftstoffvorrat von 235 Liter (180 Liter Diesel, 55 Liter AdBlue) wird eine nominelle Reichweite von 650 km auf der Straße erreicht. Das Fahrzeug hat einen Wendekreis von 18,5 m, überwindet Böschungen bis 26,5° (50%) und kann bis zu einer Tiefe von 0,5 m waten.

Einsatz in der Schweizer Armee

Die Beschaffung von 420 GMTF erfolgte über die Rüstungsprogramme 2008 (220 Fahrzeuge), 2010 (70 Fahrzeuge) und 2013 (130 Fahrzeuge). Die Fahrzeuge stehen seit 2011 bei den Infanteriebataillonen im Einsatz.

Ebenfalls über das Rüstungsprogramm 2008 erfolgte die Beschaffung von 4 ABC-Nachweissystemen, welche aus jeweils einem A-, einem

DURO IIIP EOD, aufgenommen im Kosovo, April 2016. (Kdo KAMIR)

Typ	Gepanzertes Mannschaftstransportfahrzeug (GMTF, DURO IIIP 6x6)
Hersteller	GDELS Mowag, Kreuzlingen, Schweiz
Besatzung	3 + 8 (Infanteristen)
Einsatzzeit	seit 2007
Kennzeichen	M+100622-M+100627 (DURO IIIP 6x6 SWISSINT), seit 2011 (DURO IIIP 6x6 seit 2007 bei SWISSINT)
Gefechtsgewicht	14000 kg
Länge	7020 mm
Breite	2280 mm,
Höhe	2670 (über Dach) bzw. 4180 mm (über Waffenstation)
Motor	Cummins ISB 6.7, 6 Zylinder, Turbodiesel
Leistung	250 PS (17,9 PS/t)
Höchstgeschw.	90 km/h
Kraftstoffvorrat	215 Liter
Fahrbereich	650 km (Straße)
Bewaffnung	Waffenstation Kongsberg mit 1 x 12,7-mm-Maschinengewehr 07 8 x 7,6-cm-Nebelwerfer
Panzerung	Panzerstahlstruktur mit integriertem Minenschutz übertrifft STANAG 4569 KE Level 3 (7,62 mm x 51 AP WC) übertrifft STANAG 4569 Minenschutz Level 1a (Kleinladung unter dem Fahrzeug) bzw. 2b (6 kg TNT unter dem Rad)

B- und einem C-Nachweisfahrzeug Duro IIIP bestehen (total 12 Fahrzeuge). Diese stehen seit 2015 beim ABC-Abwehrbataillon 10 im Einsatz.

2011 wurden vier Prototypenfahrzeuge DURO IIIP zu Kampfmittelbeseitigungsfahrzeugen DURO IIIP EOD (Explosive Ordnance Disposal) umgebaut. Diese stehen seit 2012 beim Kommando für Kampfmittelbeseitigung und Minenräumung (KAMIR) im Einsatz. 2020 wurde ein fünftes Fahrzeug nachgeliefert.

Mit dem Rüstungsprogramm 2008 wurden vier Gepanzerte Sanitätsfahrzeuge (GSANF) auf Basis DURO IIIP für den Einsatz im Friedensförderungsdienst beschafft, diese werden seit 2015 durch das Kompetenzzentrum SWISSINT eingesetzt.

MINENWERFERPANZER 64 (MW PZ 64)

Der Minenwerferpanzer 64 entstand aus dem Bedarf nach einer beweglichen und geschützten Steilfeuerwaffe für mechanisierte Truppen. Frühere Infanteriemörser genügten den modernen Anforderungen nicht mehr, weshalb die Einführung eines leistungsstarken 12-cm-Mörsers in Kombination mit einem geeigneten Trägerfahrzeug erforderlich wurde. Auf Basis des amerikanischen M106 entwickelte die Schweiz den Minenwerferpanzer 64, der später zahlreiche technische Verbesserungen erhielt. Nach mehreren Jahrzehnten im Einsatz wurde er schließlich aus Altersgründen außer Dienst gestellt.

Entwicklung

Die Erfahrungen aus dem Stellungskrieg des Ersten Weltkriegs und dem beweglicheren Gefecht der Folgezeit zeigten, dass Infanterie im Vorstoß eine wirksame Feuerunterstützung benötigt. Anstelle der veralteten Vorderlader-Haubitzen kamen in vielen Armeen vermehrt Steilfeuerwaffen wie Mörser und Minenwerfer zum Einsatz. Diese Geschütze boten einen deutlich größeren Höhenrichtbereich als herkömmliche Kanonen.

Zu Beginn der 1930er-Jahre führte die Schweizer Armee erstmals einen modernen Infanterieminenwerfer ein. Der 8,1-cm-Minenwerfer 33, ein in der Schweiz gefertigter Lizenznachbau des französischen Brandt-Mörsers, entwickelte sich in den folgenden Jahren zur Standardwaffe dieser Kategorie. Er galt als robust und zuverlässig, eignete sich aufgrund seiner Feuergeschwindigkeit gut für rasch geführtes Steilfeuer und blieb daher trotz technischer Fortschritte lange im Dienst. Die Reichweite von rund zweieinhalb Kilometern sowie die nur begrenzte Sprengleistung setzten seiner taktischen Wirkung jedoch spürbare Grenzen.

Für die Bekämpfung verstärkter Stellungen und tief gestaffelter Ziele entstand der Bedarf nach einem Geschütz mit größerer Reichweite und höherer Wirkung. Zudem benötigten die mechanisierten Verbände eine Steilfeuerwaffe, die mit dem hohen Marschtempo Schritt hielt. Gefordert war daher ein gepanzertes Trägersystem, das kurze Reaktionszeiten, rasches Beziehen und Verlassen von Feuerstellungen sowie Schutz vor Feindwirkung verband. Vor diesem Hintergrund entstand Ende der 1960er-Jahre der von der Waffenfabrik Bern entwickelte 12-cm-Minenwerfer 64.

Parallel dazu begannen erste Überlegungen für ein geeignetes Trägerfahrzeug. Versuche der Firma Mowag mit einem Minenwerferpanzer führten aus technischen Gründen nicht zu einem einsatzreifen Produkt. Den Durchbruch erreichte letztlich die amerikanische Firma Food Machinery Corporation (FMC) mit der M113-Fahrzeugfamilie. Innerhalb dieser Serie kam zunächst der M125 mit 8,1-cm-Mörser und später der M106 mit dem schwereren 10,7-cm-Mörser M30 zum Einsatz. Diese Fahrzeuge prägten das Konzept des gepanzerten Minenwerfers nachhaltig.

Technik

Der M106 basiert auf dem M113-Fahrgestell mit Aluminiumwanne und einem Detroit-Diesel-Motor des Typs 6V53 mit 212 PS. Die Kombination aus Allison-Automatikgetriebe, torsionsstabgefederter Laufwerksanlage und relativ geringem Gesamtgewicht ermöglicht je nach Ausführung eine Geschwindigkeit von etwa 60 km/h bei einer Reichweite von annähernd 480 Kilometern.

Der Innenraum ist für den Betrieb des schweren Mörsers angepasst, etwa durch die verstärkte Bodenplatte, eine drehbare Lafette sowie eine große Dachöffnung zum Abfeuern des Geschützes aus dem Fahrzeug heraus. Der Mörser erreicht Entfernungen von über sechs Kilometern und liefert damit bewegliche, wirkungsvolle Feuerunterstützung für mechanisierte Truppen. Je nach Ausführung fasst das Fahrzeug zwischen 80 und 100 Schuss.

Einsatz

Am umfangreichsten kam der M106 im Vietnamkrieg zum Einsatz, wo er als geschützte Feuerplattform diente. Auch in weiteren regionalen Konflikten, etwa in Kambodscha, nutzten ihn verschiedene Streitkräfte. Besonders in beweglichen Gefechtslagen und asymmetrischen Einsätzen galt dieser Minenwerferträger als wirksame Ergänzung zur Gefechtsfeldunterstützung.

Beschaffung in der Schweiz

Mit dem Rüstungsprogramm 1961 gelangten neben dem Panzer 61 auch Schützenpanzer des Typs M113 in die Schweizer Armee, darunter 132 Fahrzeuge des Typs M106. Vom zugehörigen 10,7-cm-Minenwerfer kam lediglich ein Exemplar für Testzwecke ins Land. Da die Entwicklung des neuen 12-cm-Systems aus Bern zu dieser Zeit noch nicht abgeschlossen war, griff man bei den gelieferten M106-Fahrzeugen auf den 8,1-cm-Minenwerfer 33 zurück. Dieser kam übergangsweise auf der drehbaren Grundplatte des US-Mörsers zum Einsatz. Nach Abschluss der Entwicklungsarbeiten begann die Umrüstung auf den 12-cm-Minenwerfer, womit der Minenwerferpanzer 64 entstand.

Prototyp des Minenwerferpanzer 64 auf dem Waffenplatz Thun im Jahr 1967. (Sammlung Christoph Zimmerli)

Minenwerferpanzer 64 auf dem Waffenplatz Thun. (VBS/DDPS – Sig/Objekt Nr. HAM-10730001)

Minenwerferpanzer 64. Blick in den Innenraum (VBS/DDPS – Sig/Objekt Nr. HAM-10729503)

Modernisierung

Mit den Jahren erhielten die Fahrzeuge mehrere Anpassungen. Die im Innenraum angebrachten Treibstofftanks wichen externen Behältern links und rechts der Heckklappe, wodurch zusätzliche Staukapazitäten für Munition in neuen Packbehältern zur Verfügung standen. Weitere Umbaumaßnahmen führten schrittweise zum Minenwerferpanzer 64/91 (Mw Pz 64/91).

Dazu zählten:

- Verzicht auf den abgesetzten Einsatz des 12-cm-Minenwerfers und damit das Entfernen von Grundplatte und Zweibein an der linken Fahrzeugseite
- verstärkte Torsionsstäbe an der hinteren Laufwerkssektion
- neue Halterungen für Gefechtspackungen und zusätzliche Kampfrucksäcke
- zusätzliche Halterungen für Panzerfaust
- Einbau der Geschützhauptanzeige, der Geschütznebenanzeige und einer Feuerstatusanzeige

In den Jahren 2001 und 2002 beschäftigte sich eine Untersuchung mit der Frage, ob eine Navigations- und GPS-basierte Positionierungsanlage – ähnlich jener der 15,5-cm-Haubitze KAWEST – auch bei diesem System Vorteile bringen würde. Die Kosten überstiegen jedoch den Nutzen, weshalb keine Umrüstung stattfand. Parallel dazu zeigte eine Überprüfung des Gesamtzustands, dass die Belastungen der vergangenen Jahrzehnte das Fahrgestell zu stark beansprucht hatten. Im Jahr 2009 endete daher die Nutzung des Systems aus Altersgründen. Die Minenwerferpanzerkompanien der Infanterie-, Panzergrenadier- und Panzerbataillone wurden aufgelöst.

Typ	Minenwerferpanzer 64 (Mw Pz 64 M113)
Hersteller	Food Machinery Corporation (FMC), USA
Besatzung	5 (1 Fahrer, 1 Kommandant, 1 MG Schütze 1 Geschützchef, 1 Lader)
Kennzeichen	M+74143-M+74274
Gefechtsgewicht	12300 kg
Länge	4860 mm
Breite	2680 mm
Höhe	2500 mm
Motor	GM, V6 53, Zweitakt Dieselmotor
Leistung	204 PS (16,6 PS/t)
Höchstgeschw.	65 km/h (Strasse)
Kraftstoffvorrat	360 Liter
Fahrbereich	490 km
Bewaffnung	1 x 12-cm-Panzerminenwerfer 64 1 x 12,7-mm-Mg 64
Panzerung	12 – 44 mm Aluminiumstruktur

Minenwerferpanzer 64/91 in Feuerstellung.
(Sammlung Christoph Zimmerli)

PANZERHAUBITZE 66 (M109)

Die Artillerie ist auf dem Gefechtsfeld die wichtigste Unterstützungswaffe. Die Bezeichnung »Artillerie« geht auf die lateinischen Begriffe arcus, »Bogen«, und telum, »Geschoss«, zurück. Schon der griechische Mathematiker, Physiker und Ingenieur Archimedes (ca. 287–212 v. Chr.) entwarf erste Wurfmaschinen. Seine Katapulte verwendeten die Karthager im Zweiten Punischen Krieg 214 v. Chr. gegen die Römer. Entscheidende Wirkung entfaltete die Artillerie vor allem in den Materialschlachten des Ersten und Zweiten Weltkriegs. Die Schweizer Armee begann 1941 mit der Erprobung und dem Bau eigener Selbstfahrgeschütze.

Einsatz

Die Artillerie leistet in den verschiedenen Gefechtsformen einen wesentlichen Beitrag im Kampf der verbundenen Waffen. Sie ist die wichtigste Unterstützungswaffe des höheren taktischen Führers. Führung und Organisation der Artillerie erlauben es, sie je nach Lage und des Auftrages und innert nützlicher Frist einem Kampfverband zuzuweisen. Die Beweglichkeit der Artillerie besteht darin, dass ihr Feuer manövrierfähig ist. Ohne zeitraubende Verschiebungen ist es ihr dank ihrer Feuerführung möglich, in einem großen Bereich, in kurzer Zeit und überraschend in einem Kampfabschnitt ein Feuerschwergewicht zu bilden und es bei Bedarf auch zu verlegen.

Eigenentwicklungen

Noch während des Zweiten Weltkriegs begann die Schweizer Armee 1941 mit der Entwicklung und dem Bau eigener artilleristischer Selbstfahrgeschütze. Von der Nahkampfkanone I (NK I) entstand ein Prototyp aus Ersatzteilen des Panzerwagens 39. Später folgte die Nahkampfkanone II (NK II Gustav) mit einer 10,5-cm-Kanone (Hb 42 L 22), entwickelt von der K+W in Thun. Keiner dieser Prototypen wurde indessen weiterverfolgt, da zu teuer und zu aufwendig. Auch Selbstfahrlafetten-Geschütze der französischen Firma AMX wurden nach entsprechenden Versuchen nicht weiter berücksichtigt. Mit dem Rüstungsprogramm 1968 sollten Panzerhaubitzen aus dem Ausland beschafft werden. Das günstigste Angebot mit vorteilhaften Lieferfristen offerierten die Amerikaner mit der M109 15,5-cm Self Propelled Howitzer.

Artillerie in Feuerstellung, 38. Batterie, 1. Zug, Raum Zihlwil/Bern, 1916. (Schweizerisches Bundesarchiv)

Panzerhaubitze M109 KAWEST, letztes Artillerie-Scharfschießen, Waffenplatz Frauenfeld, September 2007. (Archiv Peter Forster)

Die M109 aus amerikanischer Produktion

Die Entwicklung der M109 begann zur Zeit des Kalten Kriegs in den 1950er Jahren. Entwickelt wurde das Fahrzeug von der Firma Cadillac Motor Car Division, produziert von der Cleveland Army Tank Plant, später von BAE Systems. Eingeführt 1963 bei der US Armee, ist die M109 bis heute das Rückgrat der Artillerieverbände zahlreicher Staaten und ist Standard-Panzerhaubitze der NATO. Mit einer Gesamtzahl von über 6000 produzierten Einheiten ist die M109 eine der meistproduzierten Panzerhaubitzen weltweit.

Seither erfuhr die M109 durch eine Vielzahl von Modifikationen Kampfwertsteigerungen. Die aktuelle Version ist die M109 A6 Paladin.

Die rund 23 Tonnen schwere Haubitze, angetrieben von einem wassergekühlten Acht-Zylinder-Zweitakt-Dieselmotor mit einer Leistung von 420 PS, erreicht auf der Straße eine maximale Geschwindigkeit von 56 km/h. Das hohe Leistungsgewicht von 13,4 kW/t lässt unter allen Geländebedingungen eine bemerkenswerte Beweglichkeit zu.

Die Besatzung der M109 besteht aus dem Kommandanten, dem Fahrer, zwei Richtkanonieren und zwei Ladekanonieren. Der Fahrer sitzt vorne links in der Wanne neben dem Motor, der Kommandant hat seinen Platz auf der rechten Seite im rückwärtigen Teil des Turms. Die beiden Richtkanoniere sitzen vorne im Turm, jeweils links und rechts der Waffenanlage, die beiden Ladekanoniere sitzen direkt hinter den Richtkanonieren. Wanne und Turm der M109 bestehen aus geschweißtem 20-mm dickem Aluminiumblech, das Besatzung, Geräte und Munition gegen Geschosse leichter Infanteriewaffen, Splitter von Artilleriegeschossen und weitgehend auch gegen die Primärwirkung von A-Waffen schützt. Die ursprüngliche Waffenanlage bestand aus einer 15,5-cm-Kanone M126 L23 mit Rauchabsauger und Mündungsbremse auf einer Geschützwiege M127. Der Turm konnte um 360 Grad gedreht werden. Das Richten der Waffenanlage und des Turms erfolgte hydraulisch. Die Höchstschussweite betrug, je nach Munitionssorte, etwa 14,6 Kilometer. Als Sekundärbewaffnung war auf einer Lafette vor der Kommandantenluke ein Maschinengewehr montiert.

Als Munition können sämtliche Typen von 15,5-cm-Munition verschossen werden, darunter auch taktische Kernwaffen mit einer Sprengkraft von 0,1 Kilotonnen TNT-Äquivalent.

Kriegseinsätze

Ihr erster Kriegseinsatz erlebte die M109 während des Vietnamkriegs im Juni 1966. Die Infanteriedivisionen umfassten nur Artilleriebataillone mit gezogenen Feldgeschützen. Deshalb sollten schwere Artilleriebataillone der mechanisierten Divisionen mit M109 ausgerüstet und auf Korpsebene eingesetzt werden.

Auf israelischer Seite hatte die M109 ihren ersten Einsatz im Oktoberkrieg 1973 (Jom-Kippur-Krieg) gegen Ägypten. Die Israel Defence Force (IDF) setzten 24 M109 als Ablösung der veralteten Selbstfahrlafetten auf Basis des M4 Sherman ein.

Panzerhaubitze 88/95 L47 M109 KAWEST, Schießplatz Hinterrhein. (VBS/DDPS)

Auch fand die Haubitze Verwendung im Zweiten Golfkrieg im Jahre 1991. Bataillone mit M109 unterstützten den Vorstoß des schweren VII. US-Korps gegen die irakischen Panzerdivisionen von Husseins Republikanischer Garde.

Schweizer Beschaffung der 15,5-cm-Panzerhaubitze 66, Serien 1–4

Die M109 entsprach exakt den Schweizer Anforderungen. Im Rahmen des Rüstungsprogramms 68/I beschaffte die Armee 146 Panzerhaubitzen zum Preis von 410 Mio. Franken. Die Bezeichnung lautete Panzerhaubitze 66 (Pz Hb 66).

Der Ausbau der Armee in den 1960er Jahren sah weitere Panzerhaubitzen-Abteilungen vor. In der Folge beschaffte die Schweizer Armee mit den Rüstungsprogrammen 74, 79 und 88 weitere 435 Fahrzeuge. Um deren Schussweite zu erhöhen, beschloss die Armeeführung 1974, ein längeres Rohr mit größerem Laderaum einzuführen. Das Langrohr ist 39 Kaliber lang, der Laderaum um 40 Prozent größer.

15,5-cm-Panzerhaubitzen Kawestierung L47

Eine längere Nutzungsdauer setzt in Teilbereichen Verbesserungen voraus. Neben der im Rüstungsprogramm 74 vorgesehenen Rohrverlängerung beeinflusste auch die Einführung des Artillerie-Feuerleitsystems 83 Fargo eine Weiterentwicklung der Haubitzen. Fargo vereinfachte die Berechnung der Schießelemente und verkürzte die zur Übermittlung von Daten und Befehlen an die Geschütze benötigte Zeit. Ausgehend vom Rüstungsprogramm 88, gemäß dem die Pz Hb M109 bis über 2000 hinaus das Rückgrat der mobilen Artillerie bilden würde, sollte eine Kampfwertsteigerung (KAWEST) das Waffensystem in den folgenden Bereichen verbessern:

Überlebensfähigkeit:

- Erhöhung der Feuermobilität
- Verkürzen der Einrichtzeit und verbesserter Brandschutz
- Nachtsichtgeräte für Fahrer und Kommandant
- Fleckentarnanstrich

Zuverlässigkeit:

- Sanierung der elektrischen Anlagen
- Verstärkung des Fahrwerks und Getriebes

Feuerkraft:

- Der Einbau des längeren Geschützes L47 erhöhte die Einsatzdistanz bis 22,3 km mit herkömmlichen Granaten, mit reichweitengesteigerten Granaten bis 28 km

- Steigern der Schusskadenz durch Modifikation der Ladevorrichtung
- Erhöhung der Munitionsautonomie durch Anbau eines Ladungsmagazins am Turmheck
- Verkürzung der Feuereröffnungszeit durch den Einbau einer Navigations- und Positionierungsanlage (NAPOS).

Das schweizerische Kampfwertsteigerungsprogramm lehnte sich in Teilen an das von der US Army entwickelte Programm Paladin an. Andere Bereiche entwickelte die Schweiz selbst, so das neue, von der K+W Thun hergestellte L47-Geschützrohr, dass vom Festungsgeschütz Bison abgeleitet war. Die offizielle Übergabe der ersten Pz Hb KAWEST an die Panzerhaubitzen-Abteilung 20 – ein Artillerieverband mit 28 Jahren Erfahrung – erfolgte bei einer würdigen Feier im Juli 1998 auf dem Waffenplatz Bière.

Typ	Panzerhaubitze 66 (Pz Hb) – 1. Serie
Hersteller	BAE Systems, Arlington, Virginia, USA
Besatzung	8
Kennzeichen	M+76000-M+76145 (1. Serie, Pz Hb 66)
Einsatzzeit	1971 - 1979
Gefechtsgewicht	23500 kg
Länge	6630 mm (mit Geschütz)
Breite	3150 mm
Höhe	3100 mm
Motor	GMC, 8 Zylinder, Zweitakt, Diesel
Leistung	405 PS (17,2 PS/t)
Höchstgeschw.	60 km/h (Straße)
Kraftstoffvorrat	500 Liter
Fahrbereich	350 km
Bewaffnung	1 x 15,5-cm-Kanone L23 (13–15 km Reichweite), 1 x 12,7-mm-MG 64
Panzerung	Aluminiumstruktur

Werterhaltungspaket

Das durch NAPOS ermöglichte Prinzip von »Schießen – Treffen – Verschwinden« führte zu einer wesentlich höheren Fahrleistung, vor allem im Gelände, und demzufolge zu einer höheren Strukturbelastung. Nach rund zehn Jahren Ausbildungserfahrung mit der Panzerhaubitze KAWEST lag es nahe, einige festgestellte Mängel zu beheben. Die RUAG Land Systems wurde beauftragt, an 200 Pz Hb KAWEST ein

Panzerhaubitze 88/95 L47 M109 KAWEST, Schießplatz Simplon. (VBS/DDPS)

Panzerhaubitze 88/95 L47 KAWEST, anlässlich von »Thun meets Army & Air Force«, Oktober 2016. (Archiv Franz Knuchel)

Werterhaltungsprogramm durchzuführen. Es umfasste rund ein Dutzend Verbesserungspunkte, diverse Servicearbeiten sowie Wannenrissreparaturen an rund einem Viertel der Fahrzeuge.

Die Diskussionen rund um die Verkleinerung der Armee und die Konzeption zur Werterhaltung der Armee (WEA) führten dazu, dass das Programm nach 133 Fahrzeugen abgebrochen wurde.

Der Bestand reduzierte sich daher über die Jahre von ursprünglich 581 auf 133 Fahrzeuge für aktuell fünf Panzerhaubitzen-Abteilungen. Die restlichen eingelagerten Haubitzen dienen als Ersatzteilspender für nicht mehr erhältliche Baugruppen.

Typ	Panzerhaubitze 66/74, 74, 79, 88 (Pz Hb)
Hersteller	BAE Systems, Arlington, Virginia, USA
Besatzung	8
Kennzeichen	M+76146-M+76265 (2. Serie, Pz Hb 74) M+76266-M+76472 (3. Serie, Pz Hb 79) M+76473-M+76580 (4. Serie, Pz Hb 88)
Einsatzzeit	seit 1977
Gefechtsgewicht	25000 kg
Länge	9050 mm (mit Geschütz)
Breite	3180 mm
Höhe	3200 mm
Motor	GMC, 8 Zylinder, Zweitakt, Diesel
Leistung	405 PS (16,2 PS/t)
Höchstgeschw.	60 km/h (Strasse)
Kraftstoffvorrat	500 Liter
Fahrbereich	350 km
Bewaffnung	1 x 15,5-cm-Kanone L39 (18 – 22 km Reichweite) 1 x 12,7-mm-MG 64
Panzerung	Aluminiumstruktur

Typ	Panzerhaubitze KAWEST (Pz Hb KAWEST)
Hersteller	BAE Systems, Arlington, Virginia, USA
Besatzung	6
Kennzeichen	-
Einsatzzeit	seit 2009
Gefechtsgewicht	27000 kg
Länge	11400 mm (mit Geschütz)
Breite	3180 mm
Höhe	3200 mm
Motor	GMC, 8 Zylinder, Zweitakt, Diesel
Leistung	405 PS (15,0 PS/t)
Höchstgeschw.	60 km/h (Strasse)
Kraftstoffvorrat	500 Liter
Fahrbereich	350 km
Bewaffnung	1 x 15,5-cm-Kanone L47 (22 – 28 km Reichweite) 1 x 12,7-mm-MG 64
Panzerung	Aluminiumstruktur

PANZERHAUBITZE 25

Die Panzerhaubitze 25 wird ab 2030 die Panzerhaubitze M109 KAWEST WE in der Schweizer Armee ablösen und ab dann die Feuerunterstützung für die mechanisierten Verbände auf Stufe Brigade sicherstellen. Das neue System vereint hohe taktische Mobilität mit präziser, weitreichender und schnell verfügbarer Feuerkraft – ob die 32 beschafften Systeme allerdings die Feuerkraft der einstmals 581 Panzerhaubitzen (Armee 61) erreichen werden, wird die Zukunft zeigen.

Entwicklung

Die Ablösung der Panzerhaubitze M109 war seit längerem vorgesehen, wurde jedoch aus finanzpolitischen Überlegungen mehrfach hinausgeschoben und die Flotte mittels begrenzter Kampfwertsteigerungsprogramme einsatzfähig gehalten. Mit dem Wegfall der Kanistermunition (Oslo-Konvention) reduzierte sich zudem die Einsatzreichweite der M109 auf rund 22 Kilometer, während modernere Rohrartilleriesysteme anderer Streitkräfte bis auf 50 Kilometer wirken können.

Dieser Umstand und die Tatsache, dass die M109 im Jahr 2030 bei der Schweizer Armee mehr als 60 Jahre im Dienst gestanden haben wird – mit den entsprechenden Belastungserscheinungen und dem sich zuspitzenden Ersatzteilmangel – machen eine grundlegende Erneuerung der Artillerie-Wirkmittel unvermeidlich.

Im Rahmen des 2017 gestarteten Projekts »Artillerie Wirkplattform und Wirkmittel 2026« führte das Schweizer Bundesamt für Rüstung (armasuisse) eine breit angelegte Evaluation durch. Verglichen wurden sowohl Rad- als auch Kettenlösungen, wobei verschiedene internationale Systeme – darunter Archer, CAESAR und RCH 155 – auf ihre Einsatzfähigkeit in der Schweizer Topografie und ihre logistische Eignung hin getestet wurden.

Die Entscheidung fiel am 5. November 2024 zugunsten des AGM von KNDS in Kombination mit dem Piranha 10x10 von GDELS Mowag (Herstellerbezeichnung DONAR 10x10). Ausschlaggebend waren die hohe Automatisierung, die Fähigkeit zum raschen Wechsel zwischen Bewegung und Feuerstellung sowie die Möglichkeit, aktuelle und zukünftige Munitionstypen mit großer Reichweite einzusetzen. Zusätzlich überzeugte die robuste Radplattform mit guter Geländegängigkeit

Panzerhaubitze 25 (VBS/DDPS)

Panzerhaubitze 25 (VBS/DDPS)

und reduzierten Betriebskosten im Vergleich zu einem Kettenfahrzeug. Die Armeebotschaft 2025 sah für die Beschaffung inklusive Munition, Logistikmitteln und Ausbildung einen Verpflichtungskredit von 850 Millionen Schweizer Franken vor.

Der Bundesrat begründet die Beschaffung mit:

- dem zwingenden Ersatz der technisch veralteten Panzerhaubitze M109 KAWEST WE
- der sicherheitspolitischen Notwendigkeit mobiler, präziser Feuerunterstützung
- der Steigerung der Reichweite auf mindestens 50 Kilometer
- der Interoperabilität mit Partnerarmeen
- der Effizienz einer radgestützten Lösung bezüglich Unterhalt und Verlegung.

Mit dem System sollen die Artillerieverbände langfristig modernisiert und deren Durchhaltefähigkeit verbessert werden.

Technik

Die Panzerhaubitze 25 basiert als erstes Fahrzeug der Schweizer Armee auf einem Piranha V 10x10 und ist mit einem Maximalgewicht von 39 Tonnen deutlich schwerer als die ebenfalls eingeführten Piranha IV 8x8 (Pi Pz 21, 12 cm Mö 16) und Piranha IIIC 8x8 (RAP Pz, Mzs Pz, KOMPAK Pz, KOMM Pz, ABC Aufkl Fz und Fhr Pz). Durch vier gelenkte Achsen wird ein – für ein Fahrzeug dieser Größe relativ kleiner – Wendekreis von 18 Metern erreicht.

Die Besatzung des Fahrzeugs besteht nur aus Kommandant und Fahrer sowie einem optionalen dritten Besatzungsmitglied. Der unbemannte, vollautomatische Geschützturm ist mit einer 15,5-cm L/52-Haubitze ausgerüstet, die Ziele auf eine Reichweite bis 70 Kilometer (abhängig von der gewählten Munition, Standardmunition bis 30 Kilometer) und mit einer Kadenz von bis zu 9 Schuss pro Minute effektiv bekämpfen kann. Der Munitionsvorrat beträgt 30 Geschosse mit den dazugehörigen modularen Treibladungen. Durch die MRSI-Fähigkeit (Multiple Round Simultaneous Impact) kann das Geschütz bis zu 5 Geschosse in unterschiedlichen Flugbahnen verschießen, welche anschließend in einem Zeitfenster von weniger als zwei Sekunden praktisch simultan im Ziel einschlagen. Der Feuerkampf kann aus der Fahrt innerhalb von zehn Sekunden aufgenommen werden, nach dem Feuerschlag ist das Fahrzeug nach weiteren zehn Sekunden wieder mobil und kann so dem gegnerischen Konterbatteriefeuer ausweichen („Shoot and Scoot").

Zum Selbstschutz verfügt das Fahrzeug über eine autarke Waffenstation und eine 7,6-cm-Nebelwurfanlage. Im Fahrzeug integriert ist eine ABC-Schutzanlage; ballistischer Schutz und Minenschutz entsprechen dem aktuellen Stand der Technik.

Einsatz in der Schweizer Armee

Die Panzerhaubitze 25 ersetzt ab 2030 schrittweise die Panzerhaubitze M109 KAWEST WE und findet in den zwei dann noch verbleibenden Artillerieabteilungen Einführung. Das neue System verschafft der Artillerie deutlich größere räumliche Wirkungsbereiche sowie eine höhere Flexibilität im Einsatz. Gleichzeitig sinken Besatzungsbedarf und logistische Belastung.

Die Panzerhaubitze 25 trägt damit entscheidend zur künftigen Feuerkraft und Durchhaltefähigkeit der mechanisierten Verbände bei und stellt die indirekte Feuerunterstützung für die nächsten Jahrzehnte sicher.

Typ	Panzerhaubitze 25 (Pz Hb 25)
Hersteller	KNDS, München, Deutschland (AGM[1]), GDELS Mowag, Kreuzlingen, Schweiz (Piranha IV 10x10 AAC[2])
Besatzung	2+1 (Fahrer, Kommandant, optionales drittes Besatzungsmitglied)
Einsatzzeit	ab 2030
Gefechtsgewicht	bis 39000 kg (12500 kg AGM)
Länge	10500 mm (ohne AGM)
Breite	2960 mm
Höhe	3750 mm
Höchstgeschw.	90 km/h
Fahrbereich	750 km
Bewaffnung	AGM mit Rheinmetall 15,5-cm L/52
Panzerung/Schutz	Panzerstahlstruktur, optionale Zusatzschutzmodule

1 Artillery Gun Module
2 Advanced Artillery Carrier

Panzerhaubitze 25 (VBS/DDPS)

12-CM-MÖRSER 16

Der 12-cm-Mörser 16 schliesst eine empfindliche Fähigkeitslücke in den mechanisierten Verbänden, nachdem mit dem Entwicklungsschritt 08/11 im Jahr 2008 der Minenwerferpanzer 64/91 ersatzlos ausser Dienst gestellt wurde. Ab 2027 soll der neue Panzermörser endlich wieder die Feuerunterstützung auf Bataillonsebene sicherstellen.

Beschaffung

Die ersatzlose Außerdienststellung des Minenwerferpanzers 64/91 (132 Fahrzeuge) führte in den mechanisierten Bataillonen zu einem stetigen Wissensverlust, da im Bereich der indirekten Feuerunterstützung mit dem Wegfall des Systems auch keine Kader mehr ausgebildet wurden. Da die weltpolitische Lage zu Beginn der 2010er-Jahre einen mit konventionellen Mitteln geführten Krieg in Europa sehr unwahrscheinlich erscheinen ließ, war die Beschaffung von neuen Artilleriesystemen inklusive neuer Panzerminenwerfer politisch nicht opportun. Erst mit der Zuspitzung der Situation in der Ukraine ab 2014 fand ein allmähliches Umdenken statt und mit dem Rüstungsprogramm 2016 wurde schließlich die Beschaffung von 32 12-cm-Mörsern 16 auf Basis des Mowag Piranha IV 8x8 mit dem ebenfalls in der Schweiz von RUAG entwickelten Cobra-Mörsersystem beantragt. Durch den Ausbruch des Ukrainekrieges wurde mit dem Rüstungsprogramm 2022 die Flotte um weitere 16 Fahrzeuge auf insgesamt 48 Fahrzeuge erhöht. Das Beschaffungsvolumen beläuft sich damit auf rund 600 Millionen Schweizer Franken.

Die Wahl fiel aus mehreren Gründen auf den Mowag Piranha VI 8x8 als Trägerfahrzeug sowie auf das Cobra-Mörsersystem:

- international konkurrenzfähiges Gefechtsfahrzeug (der Piranha III ist in 7 anderen Ländern, der Piranha V in 5 Ländern im Einsatz oder aktuell in der Beschaffung)
- Syngergien hinsichtlich Beschaffung, Ausbildung und Logistik mit anderen zukünftigen Fahrzeugen der Armee (u.a. Pionierpanzer 21)
- strategische Unterstützung der Schweizer Rüstungsindustrie (GDELS Mowag, RUAG Defence)

Wegen technischer Schwierigkeiten kam es zu Verzögerungen im Projekt und die Truppentauglichkeit konnte erst 2020 vergeben werden. In der Kritik stand während dieser Zeit auch das Vorderladerkonzept des Mörsers, welches es notwendig macht, dass die Dachluken im Schießbetrieb zu öffnen, womit der Schutz des Systems und der Besatzung

12 cm Mörser 16 (12 cm Mö 16)

reduziert wird, und zwar sowohl in ballistischer Hinsicht als auch gegen Witterungseinflüsse. Die niedrigeren Kosten dieser Lösung und die strategische Unterstützung der nationalen Rüstungsindustrie wurden aber in der Diskussion höher gewichtet, zumal das System die gestellten Anforderungen an eine geschützte, hochmobile Mörserplattform – nach der Behebung der anfänglichen Mängel – erfüllt. Somit wurde im November 2023 die Freigabe für die Serienfertigung erteilt.

Technik

Der 12-cm-Mörser 16 basiert als erstes Fahrzeug der Schweizer Armee auf einem Piranha IV 8x8 und ist mit einem Maximalgewicht von 30 Tonnen etwas schwerer als der ebenfalls eingeführte Piranha IIIC 8x8 (RAP Pz, Mzs Pz, KOMPAK Pz, KOMM Pz, ABC Aufkl Fz und Fhr Pz). Die Besatzung des Fahrzeugs besteht aus einem Kommandanten, einem Fahrer und zwei Kanonieren, welche das halbautomatische Cobra-Mörsersystem bedienen. Der elektrisch gerichtete 12-cm-Mörser kann Ziele auf eine Reichweite von 500 Metern bis 9 Kilometern und mit einer Kadenz von 6–8 Schuss pro Minute (kurzzeitig sogar 10 Schuss pro Minute) effektiv bekämpfen.

Zum Selbstschutz verfügt das Fahrzeug über eine autarke Waffenstation CH-16 (Kongsberg Protector) mit einem 12,7-mm-Maschinengewehr 07 und einer 7,6-cm-Nebelwurfanlage mit 8 Wurfbechern. Im Fahrzeug integriert ist eine ABC-Schutzanlage sowie ballistischer Schutz und Minenschutz, welche dem aktuellen Stand der Technik entsprechen.

12-cm-Mörser 16. (VBS/DDPS)

12 cm Mörser 16 (12 cm Mö 16)

Typ	12 cm Mörser 16 (12 cm Mö 16)
Hersteller	GDELS Mowag, Kreuzlingen, Schweiz (Piranha IV 8x8)
Besatzung	RUAG Defence, Thun, Schweiz (12 cm Cobra)
Einsatzzeit	4 (Kommandant, Fahrer, 2 Kanoniere)
Gefechtsgewicht	ab 2027
Länge	27400 kg
Breite	7950 mm
Höhe	2950 mm, 3400 mm (mit Waffenstation)
Motor	Scania DC13, 6-Zylinder-Turbodiesel
Leistung	560 PS (20,4 PS/t)
Höchstgeschw.	80 km/h
Kraftstoffvorrat	460 Liter
Fahrbereich	600 km Strasse
Bewaffnung	12-cm-Mörser 16 (RUAG Cobra), Waffenstation Kongsberg mit 1 x 12,7-mm-Maschinengewehr 07, 8 x 7,6-cm-Nebelwerfer
Panzerung/Schutz	Panzerstahlstruktur, optionale Zusatzschutz-module, ABC Schutzanlage

Einsatz in der Schweizer Armee

Die ersten Fahrzeuge werden 2026 der Truppe für Umschulungskurse und Vorbereitung der Instruktoren zur Verfügung stehen, die breite Einführung bei der Truppe erfolgt voraussichtlich 2027 – und damit knapp 20 Jahre nach Außerdienststellung des Vorgängers. Der 12-cm-Mörser 16 wird die Autonomie und Gefechtsleistung der Panzerbataillone erheblich stärken, nachdem das verlorene Wissen um die Integration dieses Systems in den Kampf der verbundenen Waffen auf Bataillonsstufe wieder aufgebaut wurde.

AUFKLÄRUNGSFAHRZEUG 93 (EAGLE)

Die sehr strikte defensiv orientierte Militärdoktrin der Schweiz bot kaum Spielraum für dedizierte Aufklärungselemente oder -formationen. Erst der Zweite Weltkrieg zollte der strategischen und taktischen Aufklärung die Wichtigkeit und Bedeutung zu, die bis heute innehält. Die Schweizer Armee formierte Aufklärungselemente im Kalten Krieg, dabei bildeten die Leichten Panzer 51 (AMX-13) im Rahmen der Felddivisionen das Gerüst.

Geschichte der mechanisierten Aufklärung

Die Aufklärungsbataillone der Divisionen mit ihren Leichten Panzer 51 (AMX-13) wurden in den 1980er Jahren zu Panzerbataillonen umgegliedert. Erst mit der Armeereform 95 und der Bildung von Panzerbrigaden fanden sich in den Stabsbataillonen neue Aufklärerkompanien. Im Reglement »Taktische Führung 95« lesen wir: »Ziel der Aufklärung ist es vor allem, Art, Stärke, Bewaffnung, Gliederung und Verhalten der gegnerischen Kräfte, ihren Standort, ihre Richtung und die Geschwindigkeit ihrer Bewegungen sowie feindfreies Gebiet festzustellen«.

Der Kommandant der mechanisierten Truppen nutzt Aufklärung als Grundlage für seine Entscheidungen und um Truppeneinsätze überlegt zu führen. Dafür braucht es bewegliche Aufklärungsmittel, die Erkundungsergebnisse diskret und unverzüglich an die Kommandostellen übermitteln.

Das Humvee

Die Schweizer Armee suchte ein Aufklärungsfahrzeug und wurde bei der heimischen Mowag in Kreuzlingen fündig. Diese Rüstungsfirma entwickelt und produziert die gepanzerten Fahrzeuge des Typs Eagle. Die Geschichte des Eagle geht zurück ins Jahr 1985. Der US-amerikanische Hersteller AM General Corporation, Illinois, entwickelte ein geländegängiges, leicht gepanzertes Fahrzeug als Nachfolger des

Aufklärungsfahrzeug 93/97. (VBS/DDPS)

M151 für die US-Streitkräfte. Das High Mobility Multipurpose Wheeled Vehicle, kurz HMMWV oder Humvee genannt, wiegt rund 2,3 Tonnen, es wird durch einen 6,2-l-V8-Dieselmotor Detroit angetrieben und erreicht auf der Straße eine Höchstgeschwindigkeit von 113 km/h. Das Fahrzeug hat eine Reichweite von 560 Kilometer und kann, neben dem Fahrer und dem Beifahrer, Ladungen oder bis zu acht Personen aufnehmen.

Ein gefordertes Konstruktionsziel war die hohe Standardisierung und Austauschbarkeit der Einzelteile innerhalb der Fahrzeugflotte, die mittlerweile bis zu 15 verschiedene Fahrzeugtypen umfasste. Dies bedeutete eine Vereinfachung der Ersatzteillogistik, Einsparungen im Unterhalt und der Ausbildung der Mechaniker.

Kriegseinsatz

Der Humvee erlebte seinen ersten Kriegseinsatz im Jahre 1989 im Rahmen der US-Invasion in Panama (Operation Just Cause). Dabei bewährte sich vor allem seine vielseitige Einsetzbarkeit, die hohe Mobilität und Geschwindigkeit. Auch im Rahmen des Zweiten Golfkriegs 1991 und während der Operation Restore Hope in Somalia 1993 bestand das Humvee den Härtetest unter anspruchsvollsten Bedingungen.

Eagle als modifizierte Version

Der Rüstungskonzern Mowag nutzte das Fahrgestell des Humvee als Unterbau, entwickelte dazu für die Serienfertigung des Aufklärungsfahrzeugs Eagle 4x4 einen gepanzerten Aufbau und eine um 360 Grad drehbare Beobachterkuppel.

Der Eagle verfügt über eine Verbundpanzerung zum Splitterschutz und einen von Hand schwenkbaren Turm mit Stahlpanzerung. Im Turm befinden sich das Wärmebildgerät und ein Periskop, das mit dem außen lafettierten MG 51/71 gekoppelt ist. Auf der Hinterseite des Turms ist eine Nebelmittelwurfanlage angebracht.

Der Eagle 4x4 besticht durch die hohe Beweglichkeit im Gelände und leises Fahrverhalten für Aufklärung bei Tag, Nacht und schlechter Witterung. Er erreicht eine Höchstgeschwindigkeit von 125 km/h und eine Reichweite von 450 Kilometer – damit bis weit außerhalb des sogenannten Interessengebietes.

Typ	Aufklärungsfahrzeug 93 (Aufkl Fz 93, Eagle I 4x4)
Hersteller	Mowag Motorwagenfabrik AG, Kreuzlingen, Schweiz
Besatzung	4
Kennzeichen	-
Gefechtsgewicht	5800 kg
Länge	4890 mm
Breite	2280 mm
Höhe	2350 mm
Motor	Detroit Diesel Allison (GM), 8 Zylinder, Viertakt
Leistung	159 PS (35,7 PS/t)
Höchstgeschw.	105 km/h (Straße)
Kraftstoffvorrat	95 Liter
Fahrbereich	400 km (Straße)
Bewaffnung	1 x 7,5-mm-Mg 51/71, 6 x 7,6-cm-Nebelwerfer 87
Panzerung	Panzerstahlstruktur

Beschaffung

Die Schweizer Armee kaufte in einer ersten Serie 154 Eagle I 4x4 mit der Schweizer Bezeichnung Aufklärungsfahrzeug 93. Die Truppe übernahm das Fahrzeug 1993 und rüstete damit die meisten Aufklärungszüge und -kompanien der Panzerbrigaden aus. Die Ausbildung fand zentralisiert auf dem Waffenplatz Thun, hauptsächlich im Rahmen der Rekrutenschulen 23/223, statt.

Um auch andere Einheiten der Schweizer Armee mit dem neuen Aufklärungsfahrzeug auszurüsten, unterzeichnete die Gruppe für Rüstungsdienste mit der Mowag einen Vertrag über weitere 175 Fahrzeuge vom Typ Eagle II 4x4. Damit sollten die Aufklärungskompanien der Feldarmeekorps sowie die Aufklärungszüge der Panzerbataillone Typ B der Felddivisionen bestückt werden.

Das Aufklärungsfahrzeug 93/97 Eagle II war mit einem neuen Chassis ausgestattet und fasste eine Nutzlast bis 1,5 Tonnen bei einem Gesamtgewicht von 5,5 Tonnen. Das höhere Gewicht erforderte auch Anpassungen bei der Motorisierung von 160 PS auf 190 PS, einer Fahrgestellverstärkung und Verbesserungen an Stoßdämpfern und Federung. Im Weiteren wurde neu das Funkgerät SE-235 im Zusammenspiel mit dem Bordverstärker BV-235 eingebaut.

Die Übergabe an die Truppe fand in den Jahren 1999 bis 2001 statt. Im Rahmen des Rüstungsprogramms 2000 beschaffte die Schweizer Armeeführung noch einmal 120 Fahrzeuge. Den Eagle III führte die Armee als Schießkommandantenfahrzeug 93 ein. Bei dieser Version wurde im Turm das MG weggelassen, und es wurden neue Funk- und Überwachungssysteme verbaut.

Als Eagle III wird also eine leicht verbesserte Variante des Eagle I/II bezeichnet. Sie verfügt über beschusshemmende Fenster und eine

Aufklärungsfahrzeug Eagle IV EOR, Waffenplatz Thun, Februar 2012. (Kdo KAMIR)

Klimaanlage mit ABC-Überdrucksystem. Die Kabine ist mit Panzerstahl und Kompositpanzerung geschützt. Ein zusätzlicher Minenschutz ist am Boden angebracht. Das elektrooptische Zielsystem ist mit einem Navigationssystem gekoppelt. Der Eagle III bietet Platz für vier Personen. Die Auslieferung erfolgte in den Jahren 2002 bis 2004.

Kampfmittelaufklärung

2011 wurden im Zuge der Serienproduktion von Eagle IV für die Bundeswehr vier Aufklärungsfahrzeuge EOR (Explosive Ordnance Reconnaissance) beschafft. Diese stehen seit 2012 beim Kommando für Kampfmittelbeseitigung und Minenräumung (KAMIR) im Einsatz. 2020 wurde ein fünftes Fahrzeug nachgeliefert.

Typ	Schiesskommandantenfahrzeug (SKdt Fz INTAFF, Eagle III 4x4))
Hersteller	GDELS Mowag, Kreuzlingen, Schweiz
Besatzung	4
Einsatzzeit	seit 2002
Gefechtsgewicht	5800 kg
Länge	4890 mm
Breite	2270 mm
Höhe	2470 mm (über Dach)
Motor	General Motors 6,5 l, 8 Zylinder, Turbodiesel
Leistung	190 PS (32,7 PS/t)
Höchstgeschw.	120 km/h
Kraftstoffvorrat	95 Liter
Fahrbereich	400 km Strasse
Bewaffnung	6 x 7,6-cm-Nebelwerfer
Panzerung/Schutz	Panzerstahlstruktur

Typ	Kampfmittelaufklärungsfahrzeug (Aufkl Fz EOR, Eagle IV 4x4)
Hersteller	GDELS Mowag, Kreuzlingen, Schweiz
Besatzung	4
Kennzeichen	M+48584-M+48587, M+21708 (seit 2020)
Einsatzzeit	seit 2012
Gefechtsgewicht	13500 kg
Länge	5590 mm
Breite	2280 mm
Höhe	3810 mm (über Waffenstation)
Motor	Cummins ISB 6.7, 6 Zylinder, Turbodiesel
Leistung	245 PS (18,1 PS/t)
Höchstgeschw.	80 km/h
Kraftstoffvorrat	180 Liter
Fahrbereich	700 km (Straße)
Bewaffnung	Waffenstation Kongsberg (optional) mit 1 x 12,7-mm-Maschinengewehr 0[illegible] 8 x 7,6-cm-Nebelwerfer
Panzerung/Schutz	Panzerstahlstruktur mit integriertem Minenschutz, übertrifft STANAG 4569 KE Level 3 (7.62 mm x 51 AP WC)übertrifft STANAG 4569 Minenschutz Level 2a (6 kg TNT unter dem Fahrzeug) bzw. 3b (8 kg TNT unter dem Rad), ABC-Schutzanlage

Schiesskommandantenfahrzeug, auf Basis Eagle III 4x4 (VBS/DDPS)

AUFKLÄRUNGSFAHRZEUG TASYS

Mit dem Projekt TASYS (Taktisches Aufklärungssystem) wird die mobile, geschützte und digital vernetzte Gefechtsaufklärung der Schweizer Armee grundlegend erneuert. Das Aufklärungsfahrzeug TASYS ergänzt dabei das Aufklärungsfahrzeug 93 bzw. 93/97 sowie das Schiesskommandantenfahrzeug INTAFF in der Aufklärung und Feuerführung, erfordert aufgrund der Fahrzeuggrösse und der sehr leistungsfähigen Sensorik jedoch zu einer grundlegenden Anpassung der Einsatzkonzeption.

Typ	Aufklärungsfahrzeug TASYS
Hersteller	GDELS Mowag, Kreuzlingen, Schweiz (EAGLE V 6x6)
Besatzung	4 (Kommandant, Fahrer, Schütze, Sensorbediener)
Einsatzzeit	ab 2025
Gefechtsgewicht	15000 kg
Länge	6900 mm
Breite	2160 mm
Höhe	2600 mm (ohne Waffenstation)
Motor	Cummins ISB 6.7, 6-Zylinder-Turbodiesel
Leistung	305 PS (26,5 PS/t)
Höchstgeschw.	110 km/h
Kraftstoffvorrat	180Liter
Fahrbereich	650 km (Strasse)
Sensoren	Teleskopmast mit Multisensorsystem
Bewaffnung	Waffenstation Kongsberg mit 1 x 12,7-mm-Maschinengewehr 07 8 x 7,6-cm-Nebelwerfer
Panzerung/Schutz	Panzerstahlstruktur, optionale Zusatzschutzmodule, ABC-Schutzanlage

Beschaffung

Die Notwendigkeit eines neuen Aufklärungssystems ergab sich bereits in den 2010er-Jahren, da weder Schutzwirkung noch Sensorleistung oder Vernetzungsgrad der bestehenden Plattformen (Aufkl Fz 93/97 und SKdt Fz INTAFF) den Anforderungen für den Einsatz auf dem modernen Gefechtsfeld entsprachen.

Das taktische Aufklärungssystem (TASYS) ermöglicht eine engere Vernetzung in den Bereichen Beschaffung, Vorauswertung und Verbreitung von Informationen mit dem Ziel, ein stufen- und zeitgerechtes Lagebild für Aktionen am Boden darstellen, beurteilen und verbreiten zu können. Zudem ermöglicht es TASYS durch die Fähigkeit zur Feuerführung und -leitung, die Beobachter (zum Beispiel Aufklärer oder Schießkommandant) mit den Effektoren (z.B. Mörser, Artillerie) zu vernetzen.

Mit dem Rüstungsprogramm 2019 wurde die Beschaffung von 100 Aufklärungsfahrzeugen TASYS auf Basis des Mowag Eagle V 6x6 sowie einer klassifizierten Anzahl Systeme für den abgesetzten Betrieb beantragt. Die Fahrzeuge sollen die noch vorhandenen 175 Aufklärungsfahrzeuge 93/97 und 110 Schießkommandantenfahrzeuge INTAFF vorläufig nicht ersetzen, sondern ergänzen.

Die Wahl fiel aus mehreren Gründen auf den Mowag Eagle V 6x6 als Trägerfahrzeug:

- international konkurrenzfähiges Gefechtsfahrzeug (Eagle IV und V sind z.B. auch in Dänemark, Deutschland und Luxemburg in größeren Stückzahlen erfolgreich im Einsatz)
- Synergien hinsichtlich Beschaffung, Ausbildung und Logistik mit anderen Fahrzeugen der Armee (Eagle V wurde als neue Plattform für zukünftige Führungsfahrzeuge gewählt, zudem ergeben sich weitere Synergien mit der Piranha III/IV/V-Flotte)
- strategische Unterstützung der Schweizer Rüstungsindustrie (GDELS Mowag)

Technik

Das Aufklärungsfahrzeug TASYS basiert als erstes Fahrzeug der Schweizer Armee auf einem Eagle V 6x6 und ist deutlich größer (50 Prozent mehr Volumen) und schwerer (dreifaches Gewicht) als die ebenfalls eingeführten Eagle I/II (Aufkl Fz 93/97) und Eagle III (SKdt Fz INTAFF).

Die Besatzung des Fahrzeugs besteht aus dem Kommandanten, dem Fahrer, dem Schützen (autarke Waffenstation) und einem Sensorbediener.

Kernelement des ganzen Systems ist der im Stand ausfahrbare elektrooptische Aufklärungsmast, der eine hochauflösende Kamera, ein Wärmebildgerät und einen Laserentfernungsmesser umfasst. Die effektive Sensorreichweite ist Verschlusssache, liegt aber höher als vergleichbare ältere Systeme anderer Streitkräfte (z.B. Fennek) und wird daher wohl zehn Kilometer übersteigen. Die Sensordaten werden direkt im Fahrzeug aufbereitet und nahezu in Echtzeit an die (Feuer-) Führungssysteme übermittelt.

Zum Selbstschutz verfügt das Fahrzeug über eine autarke Waffenstation CH-16 (Kongsberg Protector) mit einem 12,7-mm-Maschinengewehr 07 und einer 7,6-cm-Nebelwurfanlage mit 8 Wurfbechern. Im Fahrzeug integriert ist eine ABC-Schutzanlage; ballistischer Schutz und Minenschutz entsprechen dem aktuellen Stand der Technik.

Aufklärungsfahrzeug TASYS. (VBS/DDPS)

Aufklärungsfahrzeug TASYS. (Sammlung Martin Hugi)

Einsatz in der Schweizer Armee

Die Einführung des Systems startete 2024 und wird voraussichtlich 2026 abgeschlossen sein. Aufgrund der hohen Sensorleistung wird sich der Einsatz grundsätzlich vom Aufklärungsfahrzeug 93 bzw. 93/97 unterscheiden. Die Aufklärungsfahrzeuge TASYS werden prioritär den mechanisierten Verbänden zugeteilt und bilden – zusammen mit den abgesetzten Systemen – zukünftig das Rückgrat der mobilen Aufklärung und Feuerführung

ENTPANNUNGSPANZER 56 (CENTURION)

Auf Basis des Chassis des Centurion Panzers entwickelte die Rüstungsfirma Vickers-Armstrong in den 1950er Jahren den ARV Mk I und später die Versionen Mk II und Mk III. ARV steht für Armoured Recovery Vehicle oder Bergepanzer. Die Produktion lief 1957 an.

Aufgabe und Einsatz

Ein Entpannungspanzer, auch Bergepanzer genannt, hat die Aufgabe, als fahrende Werkstatt Panzerfahrzeuge zu entpannen, zu reparieren oder abzuschleppen. Statt mit einem Panzerturm sind diese Fahrzeuge mit einem festen Aufbau versehen.

Mit dem Centurion beschaffte die Schweizer Armee einen schweren Panzer, den im Bedarfsfall kein herkömmliches Armeefahrzeug bergen konnte. Mit dem Centurion ARV boten die Briten Abhilfe. Der ARV wog rund 50 Tonnen und erbrachte die gleiche Motorenleistung wie der Panzer 55/57.

Im Aufbau waren die Bedienungs- und Überwachungsorgane sowie der Windenmotor und die Winde untergebracht. Der Motor trieb einen Gleichstromgenerator an, der für die Windenbetätigung benötigt wurde. Die Kraftübertragung des Windenmechanismus bestand aus dem Motor, dem Gleichstromgenerator, dem Elektromotor und dem Windengetriebe mit Seiltrommel und Seilführung.

Die Winde verfügte über 140 Meter Seil und rund 30 Tonnen Zugkraft. Am Heck war ein großer Verankerungssporn angebracht, der das Fahrzeug bei Bergungen abstützte. Im und am Panzer fanden sich verschiedene Werkzeuge und Geräte zur Instandsetzung und zum Bergen von anderen Panzerfahrzeugen. Von 1956 bis 1960 beschaffte die Schweiz 30 Entpannungspanzer, mit jeder Centurion-Serie zehn Stück. Sie erhielten die Bezeichnung Entpannungspanzer 56 (Entp Pz 56). Auch diesen Panzern unterzog man verschiedene Revisionen und Modifikationen. Sie waren mit dem Pz MG 51/71 und mit 12 8,0-cm-Nebelwerfern 51 ausgerüstet.

Typ	Entpannungspanzer 56 (Entp Pz 56)
Hersteller	Vickers-Armstrong, England
Besatzung	3
Kennzeichen	M+78601-M+78610 (1. Serie) M+78611-M+78620 (2. Serie) M+78621-M+78630 (3. Serie)
Gefechtsgewicht	48500 kg
Länge	9650 mm
Breite	3400 mm
Höhe	3060 mm
Motor	Rover Meteor Mk 4 B1, 12 Zylinder, Viertakt
Leistung	650 PS (13,4 PS/t)
Höchstgeschw.	34 km/h (Straße)
Kraftstoffvorrat	1045 Liter
Fahrbereich	150 km (Straße)
Bewaffnung	1 x 7,5-mm-Pz MG 51/71, 12 x 8,0-cm-Nebelwerfer 51
Panzerung	bis 76 mm, Panzerstahl

1988 liquidierte die Armeeführung die ersten zehn Entpannungspanzer. Nach der Ausmusterung des Panzer 55/57 verkaufte die Schweiz 19 Fahrzeuge nach Schweden, ein Exemplar integrierte der Bund in die Sammlung von historischem Armeematerial.
Einen Entpannungspanzer 56 holte das Militärmuseum Full Reuenthal in die Schweiz zurück.

Entpannungspanzer 56, erstes Fahrzeug noch ohne Bewaffnung, Waffenplatz Thun, April 1956. (Archiv Stiftung HAM)

GENIE- UND KRANPANZER M113

Der Genie- und Kranpanzer M113 basiert auf dem bewährten M113-Fahrgestell und dient als schweres Berge- und Ingenieurfahrzeug. Schweizer Ausführungen ergänzen das Basisfahrzeug um hydraulischen Kran, Bergeausrüstung und spezialisierte Werkzeuge. Einsatzschwerpunkte liegen in der Fahrbahnfreimachung, der Bergung von gepanzerten Fahrzeugen und der technischen Unterstützung von Panzerverbänden.

Entwicklung

Mit der Einführung des M113 im Rahmen des Rüstungsprogramms 1963 erhielt die Schweizer Armee ein modernes, leichtes Kettenfahrzeug, das schnell zur Basis für zahlreiche Sonderversionen wurde. Das Fahrzeug bewährte sich durch seine Zuverlässigkeit, einfache Wartung und hervorragende Geländegängigkeit. Die hohe Zahl beschaffter Einheiten – rund 800 Stück – erlaubte es, Varianten für verschiedene Einsatzgebiete zu entwickeln.

Aus dieser Basis entstanden mehrere Sondertypen:

- Geniepanzer 63 (G Pz 63) mit Räumschild/Dozer-Kit
- Kranpanzer 63 (Kran Pz 63), Schweizer Bezeichnung der M579-Variante
- Weitere Ableitungen wie Kommandopanzer, Feuerleitfahrzeuge und Minenwerferpanzer.

Der Bedarf nach solchen Spezialfahrzeugen ergab sich aus der zunehmenden Mechanisierung der Armee: Panzer und Schützenpanzer erforderten technische Unterstützung im Gelände – für Bergung, Reparatur und Hindernisbeseitigung. Die M113-Plattform bot dafür eine ideale Grundlage, da sie bereits in grosser Zahl vorhanden war und über eine bewährte Antriebstechnik verfügte.

Technik

Die Genie- und Kranpanzer basieren auf dem M113 A1 mit Detroit-Diesel 6V53 (204 PS) und Allison-Automatikgetriebe TX-100. Beide Varianten übernehmen das Kettenlaufwerk mit fünf Laufrollen pro Seite, die Torsionsstabfederung und die amphibische Fähigkeit.

Geniepanzer 63 (G Pz 63)

Der Geniepanzer erhielt an der Front einen hydraulisch betriebenen Räumschild (Dozerblatt) mit einer Breite von rund 3,4 Metern. Der Schild diente der Erdbewegung, Fahrbahnfreimachung und Hindernisbeseitigung. Über die Bordhydraulik betrieben, ließ sich das Blatt in Höhe und Neigung verstellen, um Erdreich zu schieben oder Hindernisse zu räumen. Der Aufbau und die interne Ausstattung entsprachen weitgehend dem Standard-M113. Die Besatzung bestand aus zwei Mann plus bis zu sechs Pionieren. Als Bewaffnung diente ein 12,7-mm-Maschinengewehr 64 auf der Kommandantenluke. Die Fahrzeuge kamen ursprünglich in pioniertechnischen Kompa-

Geniepanzer 63. (VBS/DDPS – Sig/Objekt Nr. HAM-107279)

Kranpanzer 63. (VBS/DDPS – Sig/Objekt Nr. HAM-10728303)

nien zum Einsatz. Mit der Zeit entfernte man das Dozerblatt häufig, um die Fahrzeuge als gepanzerte Truppentransporter weiterzuverwenden. Insgesamt beschaffte die Armee rund 60 Fahrzeuge in der ersten Tranche, später stieg der Bestand auf etwa 120 Einheiten. Die Panzerung aus Aluminium bot Schutz gegen Splitter und Kleinwaffen bis 7,62 mm.

Kranpanzer 63 (Kran Pz 63)

Der Kranpanzer 63 - in der internationalen Bezeichnung M579 - ersetzte den Mannschaftsraum durch einen massiven Aufbau mit hydraulischem Drehturm und teleskopierbarem Kranarm. Der Kran besass eine Tragkraft von bis zu drei Tonnen und war um 360 Grad schwenkbar. Eine vergrösserte Dachluke erleichterte die Bedienung. Der Innenraum war so gestaltet, dass eine komplette Antriebsgruppe eines M113 transportiert und im Feld gewechselt werden konnte. Die Fahrzeuge verfügten über eine Seilwinde mit rund 20 Tonnen Zugkraft und seitliche Stützholme zur Stabilisierung beim Heben. Antrieb, Fahrleistung und Schutz entsprachen dem Schützenpanzer 63. Insgesamt 61 Kranpanzer erhielten die M+-Nummern 74'597 bis 74'657. Ein Exemplar (M+74'616) ist im Militärmuseum Full erhalten und zeigt den typischen Aufbau mit dem hydraulischen Kranarm. Die Fahrzeuge dienten primär in Logistik- und Instandsetzungseinheiten. Sie begleiteten Panzerkompanien, führten Feldreparaturen aus und ersetzten Aggregate direkt im Einsatzraum. Auf der «Steel Parade» 2006 in Thun präsentierte sich der Kranpanzer 63 letztmals im offiziellen Armeebestand.

Einsatz

Genie- und Kranpanzer M113 bildeten die technische Unterstützung der Panzertruppe im Gelände. Der Geniepanzer 63 kam in pioniertechnischen Einheiten und Panzerpionierkompanien zum Einsatz, wo er Wege freiräumte, Stellungen anlegte oder Hindernisse beseitigte. Seine hydraulische Dozeranlage erlaubte Erdarbeiten in unwegsamem Gelände und diente auch der Fahrbahnfreimachung nach Sprengun-

gen oder Minenräumungen.
Der Kanpanzer 63 gehörte zum Rückhalt mechanisierter Logistikformationen. Er übernahm die Bergung beschädigter Fahrzeuge, den Austausch von Triebwerken und Getrieben oder den Transport von Ersatzaggregaten im Feld. Durch seine Mobilität konnte er auch in Gefechtsnähe eingesetzt werden, blieb aber meist hinter der Frontlinie in gesicherten Werkstattzonen.
Beide Varianten bewährten sich über Jahrzehnte in Ausbildung, Manövern und Katastropheneinsätzen. Sie zeigten eindrücklich, dass das M113-Konzept nicht nur als Truppentransporter, sondern auch als technische Plattform enorme Flexibilität bot. Wartung, Ersatzteilversorgung und Schulung erfolgten zentral an der Technischen Schule in Thun, sodass eine hohe Einsatzbereitschaft sichergestellt werden konnte.

Versionen in der Schweizer Armee

Der Geniepanzer 63 (G Pz 63) entstand auf Basis des Schützenpanzers 63 und war mit einem hydraulischen Räumschild ausgerüstet. Spätere Ausführungen verzichteten auf den Schild, um das Fahrzeug als Transportpanzer im Pionierdienst zu verwenden.
Der Kranpanzer 63 (Kran Pz 63), die Schweizer Bezeichnung der US-amerikanischen M579-Variante, diente als gepanzertes Instandsetzungsfahrzeug mit Drei-Tonnen-Kran. Die Fahrzeuge waren vor allem bei Panzer- und Logistikeinheiten im Einsatz.
Beide Typen nutzten die gleichen mechanischen Komponenten, was Wartung und Ersatzteilhaltung vereinfachte. Der modulare Aufbau erlaubte den Austausch oder die Ergänzung von Arbeitsgeräten je nach Einsatzauftrag.

Typ	Kranpanzer 63 (Kran Pz 63 M113 A1)
Hersteller	Food Machinery Corporation (FMC) San José, USA
Besatzung	9 (1 Fahrer, 1 Kommandant, 1 Funker, 6 Mechaniker)
Kennzeichen	M+74597-M+74657
Gefechtsgewicht	14000 kg
Länge	4860 mm
Breite	2560 mm
Höhe	3000 mm
Motor	GM 6V 53, 6 Zylinder 2-Takt Diesel
Leistung	204 PS (17,7 PS/t)
Höchstgeschw.	60 km/h (Strasse)
Kraftstoffvorrat	360 Liter
Fahrbereich	490 km (Strasse)
Bewaffnung	1 x 12,7-mm-Mg 64
Panzerung	12 - 44 mm, Aluminiumstruktur

Einige Exemplare verblieben nach ihrer Ausmusterung in Ausbildungseinrichtungen, andere gelangten an Museen oder Sammlungen.

Kranpanzer 63 im Einsatz. (Sammlung Christoph Zimmerli)

RAUPENTRANSPORTWAGEN 68 (M548)

Der Raupentransportwagen 68 basiert auf dem amerikanischen M548, einem ungepanzerten Nachschubfahrzeug auf dem Laufwerk des M113. In der Schweizer Armee diente er als geländegängiger Transporter für Munition und Versorgungsgüter, vor allem in den Batterien mit der Panzerhaubitze M109. Zwischen 1968 und 1988 erwarb die Schweizer Armee insgesamt 282 Fahrzeuge in mehreren Serien. Seine Zuverlässigkeit, einfache Wartung und hohe Nutzlast machten den «MunSchnegg» über Jahrzehnte zu einem unentbehrlichen Bestandteil der Artillerielogistik.

Entwicklung

Mit der Einführung der Panzerhaubitze M109 Ende der 1960er-Jahre stellte sich für die Schweizer Armee die Frage, wie die Munition dieser neuen Selbstfahrlafetten im Gelände nachgeführt werden konnte. Konventionelle Lastwagen stießen bei schwierigem Terrain schnell an ihre Gren-zen. Gesucht wurde ein Kettenfahrzeug mit ausreichender Nutzlast und identischer Mobilität hinsichtlich der Geschütze selbst.

Der amerikanische M548 erfüllte diese Anforderungen in idealer Weise. Er basierte auf dem bewährten M113-Fahrgestell, wurde 1965 entwickelt und von der Firma FMC Corporation in San José, Kalifornien produziert. Er besaß eine offene Ladebrücke und ein geringeres Gewicht, sodass sich damit schwere Munition über nahezu jedes Gelände transportieren ließ.

Technik

Der M548 nutzt Fahrwerk, Antrieb und Motorisierung des M113. Ein Detroit-Diesel 6V53 mit 204 PS treibt das Fahrzeug über ein Allison-Getriebe an. Das gesamte Fahrwerk ist als torsionsstabgefedertes Siebenrollenlaufwerk ausgeführt, bestehend aus fünf Laufrollen, einem Führungsrad am Heck und dem vorderen Antriebsrad. Dadurch zeichnet sich das Fahrzeug durch eine sehr gute Geländegängigkeit bei niedrigem Bodendruck aus.

Die Kabine aus Leichtmetall bietet Platz für Fahrer und Beifahrer; dahinter liegt eine offene Ladefläche mit einer Nutzlast von rund fünf Tonnen. Das Be- und Entladen erfolgte zunächst über einen mechanischen Flaschenzug, der auf einem verschiebbaren Doppel-T-Träger montiert war. Ab den 1980er-Jahren ersetzte eine elektrische Seilwinde das ursprüngliche System.

Die Fahrzeuge waren ungeschützt, verfügten aber über ein 12,7-mm-Maschinengewehr 64 zur Selbstverteidigung. Der M548 ist amphibisch ausgelegt und erreicht im Wasser eine Geschwindigkeit von rund 6 km/h, an Land bis zu 61 km/h. Mit einem Kraftstoffvorrat von 400 Litern beträgt seine Reichweite etwa 480 Kilometer.

Im Kampf

Der M548 diente vor allem der Artillerie als zuverlässiges Fahrzeug für den Munitionsnachschub. Die Fahrzeuge bewegten sich im gleichen Gelände wie die Haubitzen, was den unmittelbaren Nachschub auch in abgelegenen Feuerstellungen ermöglichte. Im Einsatzgebiet übernahmen sie das Umladen aus Lastwagen, versorgten die Geschütze direkt an der Feuerlinie und verlegten anschließend in die Munitionsräume. Das Fahrzeug wurde in zahlreichen Konflikten eingesetzt, darunter im Vietnamkrieg, im Jom-Kippur-Krieg, im Ersten und Zweiten Golfkrieg sowie im aktuellen Ukrainekrieg.

Beschaffungen und Einsatz in der Schweizer Armee

Die Schweiz beschaffte zunächst 68 Fahrzeuge, 1979 folgten 160 weitere, und 1988 kamen 54 modernisierte Exemplare hinzu. Damit umfasste der Bestand 282 Fahrzeuge, die unter der Bezeichnung Raupentransportwagen 68 (Rpe Trspw 68 M548) in Dienst standen.

Der Spitzname »MunSchnegg« – in Anlehnung an die behäbige, aber stetige Bewegung der Fahrzeuge – verbreitete sich rasch in der Truppe und ist bis heute gebräuchlich.

Der Raupentransportwagen 68 bildete die erste Serie, eingeführt ab 1968. Er entsprach weitge-hend dem amerikanischen M548A1, jedoch

Typ	Raupentransportwagen 68, (Rpe Trspw 68 M548)
Hersteller	Food Machinery Corporation (FMC), USA
Besatzung	2 (1 Fahrer, 1 Beifahrer)
Kennzeichen	M+75601-M+75668 (1. und 2. Serie), M+75669-M+75828 (3. und 4. Serie), M+75829-M+75882 (5. Serie)
Gefechtsgewicht	11500 kg
Länge	5900 mm
Breite	2680 mm
Höhe	3060 mm
Motor	GM, V6 53, Zweitakt Dieselmotor
Leistung	204 PS (17,7 PS/t)
Höchstgeschw.	61 km/h (Strasse)
Kraftstoffvorrat	400 Liter
Fahrbereich	480 km
Bewaffnung	1 x 12,7-mm-Mg 64 (optional)
Panzerung	Keine, ungepanzert

mit schweizerischer Bewaffnung, Funkgeräten und Munitionshalterungen. Ab 1979 folgte eine zweite Serie mit leichten Verbesserungen an Elektrik, Beleuchtung und Ladeeinrichtungen. Der ab 1988 eingeführte Raupentransportwagen 88 besaß eine modernisierte Kabine, eine effizientere Dieselheizung, eine überarbeitete Elektrik und den neuen Flecktarnanstrich der Armee 95.

Eine spätere, technisch angepasste Variante, teils als Raupentransportwagen 68/05 bezeichnet, erhielt ein verstärktes Fahrwerk und modernisierte Komponenten für den verlängerten Betrieb. Trotz dieser Entwicklungen blieb das Einsatzkonzept unverändert – ein leichter, verlässlicher und universell einsetzbarer Kettentransporter für die Artillerie- und Versorgungstruppen.

Neben der Artillerie nutzten auch die Panzer- und Waffenmechaniker-Rekrutenschulen sowie Panzerminenwerfer-Kompanien den Raupentransportwagen 68 für Transport- und Ausbildungszwecke. Dank seiner Zuverlässigkeit und Wartungsfreundlichkeit blieb der Typ über drei Jahrzehnte im Dienst, bevor modernere Fahrzeuge seine Rolle übernahmen. Einige Exemplare befinden sich heute in Museen, darunter im Schweizerischen Militärmuseum Full, sowie in Sammlerhand, etwa beim Centurion-Verein.

Raupentransportwagen 68 – Instrumentenbrett. (VBS/DDPS – Sig/Objekt Nr. HAM-22194002)

Raupentransportwagen 68. (VBS/DDPS – Sig/Objekt Nr. HAM-22194110)

BRÜCKENPANZER 68

In der Zeit vor dem Zweiten Weltkrieg verfolgte nur die Sowjetunion die konsequente Entwicklung von Brückenfahrzeugen. Während des Zweiten Weltkriegs verstärkte sich aber in allen Krieg führenden Armeen die Erkenntnis, dass zur Erhöhung der Operationsfähigkeit den Panzerverbänden Brückenpanzer zugeteilt werden mussten. In der Schweiz begann die Entwicklungsphase des Brückenpanzers 68 in den Jahren 1963/64 mit der technischen Erprobung ausländischer Modelle wie dem Centurion Bridgelayer.

Entwicklung

Der Brückenpanzer auf der Basis des Centurion-Chassis erfüllte die Schweizer Anforderungen nur zum Teil, was 1965 zu einer »Studie Brückenpanzer« der Eidgenössischen Konstruktionswerkstätte auf Basis des Panzers 61 führte. Klapp- und Schiebebrücken-Silhouettenmodelle bildeten 1967 die Grundlage zur Entwicklung des Brückenpanzers in Kombination mit der 18-Meter-MAN-Genieschiebebrücke. Unbefriedigende Truppenversuche mit der Brücke führten 1969 zur Neukonstruktion je einer Stahl- und Leichtmetall-Prototypbrücke, hergestellt durch Firmen der schweizerischen Industrie. Resultate aus den technischen Erprobungen 1971 ergaben einen Vorteil der Leichtmetallkonstruktion, sodass man 1972 mit dem ersten Baumuster beginnen konnte. Erfolgreiche Tests im Jahre 1974 führten zum Beschaffungsauftrag an die Eidgenössische Konstruktionswerkstätte, deren Serienfabrikation Mitte 1977 anlief. In der Zeit von 1974 bis 1977 wurden dreißig Fahrzeuge produziert; die erste Rekrutenschule fand im Sommer 1976 statt.

Technik

Der Brückenpanzer 68 basierte auf der Grundausführung des Panzer 68 AA2. Dies vereinfachte die Logistik. Die gegossene Wanne war in Heck-, Mannschafts- und Fahrerraum eingeteilt. Der Heckraum enthielt die austauschbare Antriebsgruppe, bestehend aus Hauptmotor, Fahr- und Lenkgetriebe und Hilfsgruppe. Die Arbeitsplätze für Kommandant und Beobachter fanden sich im Mannschaftsraum,

Brückenpanzer 68, Waffenplatz Bure. (VBS/DDPS)

Brückenpanzer 68/88, Waffenplatz Thun, März 1989. (Archiv Stiftung HAM)

der Fahrerraum mittig im Bug. Im Mannschaftsraum befand sich auch die hydraulische Anlage des Auslegemechanismus, zwei Funkstationen SE 412 und die ABC-Belüftungsanlage.

Das Ablegen und Aufnehmen der Brücke oblag dem Fahrer. Dementsprechend waren die Bedien- und Überwachungsorgane im Fahrerraum platziert.

Der Antrieb des Panzers erfolgte durch einen 660-PS-MTU-Dieselmotor mit mechanischer Aufladung, der seine Leistung auf das Fahr- und Lenkgetriebe und von dort über die Seitenantriebe auf das Fahrwerk übertrug. Der Hilfsmotor, ein Vier-Zylinder-OM-Dieselmotor, diente dem Antrieb der hydraulischen Pumpengruppe des Auslegemechanismus, des Kühlventilators und des 7-kW-Generators. Bei Störungen konnte damit auch der Hauptmotor gestartet werden.

Die Aluminiumbrücke bestand aus zwei vierteiligen Spurträgern, sie wog 6,8 Tonnen und wies eine Tragkraft von 50 Tonnen (Ausnahmelast 60 Tonnen) auf. Jeder Brückenpanzer 68 hatte eine Zweitbrücke, die zerlegt auf drei Brückenlastwagen-Anhänger 70 mitgeführt wurde.

Der Brückenpanzer besaß keine Bewaffnung. Als passiver Schutz verfügte er über eine Nebelwerferanlage. Die Besatzung trug Sturmgewehre, Handgranaten sowie Signal- und Leuchtraketen auf sich.

Einsatz

Brücken zum Brückenpanzer 68 konnten als Einzel-, Doppel- oder Mehrfachbrücken verwendet werden. Der vorherrschende Anwendungsbereich war die Einzelbrücke. Brückeneinsätze konnten in leichtem Gelände ohne Vorrekognoszierung, Doppel- und Mehrfachbrücken jedoch nur bei vorheriger Begehung und Beurteilung der Übersatzstellen erfolgen. Unter günstigen Geländeverhältnissen konnte die Brücke in zwei bis drei Minuten ausgelegt oder aufgenommen werden.

Kampfwertsteigerung

Ab 1989 wurden alle Brückenpanzer 68 kampfwertgesteigert zum Brückenpanzer 68/88. So wurde unter anderem die Antriebsgruppe auf Stand AA6 (Pz 68/88) gebracht, die Elektronik und die Hydraulik revidiert und die Treibstoffvorfilter verbessert. Die Fahrzeuge erhielten eine Brandunterdrückungsanlage und die Aufnahmehilfe der Brücke wurde verbessert.Der Nebelwerfer Typ 87 ersetzte das Modell 51, die Fahrzeuge erhielten, außer der Brücke selber, einen Tarnanstrich und waren nur noch mit einem Funkgerät und einer Antenne ausgerüstet.

Die Liquidation der Brückenpanzer 68/88 begann im Jahre 2005 mit 16 Fahrzeugen und endete 2011 mit den restlichen Exemplaren.

Prototyp Brückenpanzer 68/88, Montage der Leitplanken (Schrammborde). (VBS/DDPS)

Typ	Brückenpanzer 68 (Brü Pz 68)
Hersteller	K+W Thun, Schweiz
Besatzung	3
Kennzeichen	M+77882-M+77911
Gefechtsgewicht	44600 kg
Länge	19960 mm (mit Brücke)
Breite	4100 mm
Höhe	3880 mm
Motor	MTU MB 837, 8 Zylinder, Viertakt
Leistung	660 PS (14,8 PS/t)
Höchstgeschw.	55 km/h (Straße)
Kraftstoffvorrat	855 Liter
Fahrbereich	350 km (Straße)
Bewaffnung	8 x 8-cm-Nebelwerfer 51
Panzerung	Panzerstahlstruktur

Typ	Brückenpanzer 68/88 (Brü Pz 68/88)
Hersteller	K+W Thun, Schweiz
Besatzung	3
Kennzeichen	M+77882-M+77911
Gefechtsgewicht	47000 kg
Länge	19960 mm (mit Brücke)
Breite	4100 mm
Höhe	3880 mm
Motor	MTU MB 837, 8 Zylinder, Viertakt
Leistung	660 PS (14,0 PS/t)
Höchstgesch.	55 km/h (Straße)
Kraftstoffvorrat	855 Liter
Fahrbereich	350 km (Straße)
Bewaffnung	8 x 7,6-cm-Nebelwerfer 87
Panzerung	Panzerstahlstruktur

ENTPANNUNGSPANZER 65

Im Jahre 1961 begann die Eidgenössische Konstruktionswerkstätte in Thun mit der Entwicklung eines Entpannungspanzers auf dem Fahrwerk des Panzers 61. Den vielversprechenden Versuchen folgte sechs Jahre später die Serienfertigung – allerdings auf dem Fahrwerk des Panzers 68. Die Schweizer Armee beschaffte 69 Fahrzeuge.

Technik

Der Entpannungspanzer 65 basierte auf dem Panzer 68. Anstelle des Turms befand sich ein fester Aufbau, der sich vom Bug bis zum Heckraum erstreckte. Er verfügte über eine hydraulisch angetriebene Zugwinde mit einer Seillänge von 120 Metern und einer Zugkraft von 25 Tonnen – mit Dreifach-Flaschenzug sogar bis 75 Tonnen.
Mit einer hydraulisch angetriebenen Hilfswinde mit Seillänge von 240 Metern und einer Zugkraft von 500 kg wurde das Hauptwindenseil ausgezogen. Der Entpannungspanzer 65 war mit einem Anhängehaken und einer Universalstange für das Abschleppen und Bergen von Panzerfahrzeugen ausgerüstet. Die guten Fahreigenschaften des Entpannungspanzer 65 ermöglichten ein Abschleppen auch über längere Distanzen.
Eine an der Fahrzeugfront angebrachte hydraulische Räumschaufel diente bei Arbeiten mit der Zugwinde als Verankerungsschild, bei Kranarbeiten als Abstützung. Sie erlaubte es, Gräben, Löcher und verschüttete Straßen wieder passierbar zu machen.
Ein am Bug aufgebauter Kran hob Lasten bis maximal 15 Tonnen. Der Kran erlaubte in der Seite und in der Ausladung beschränkte hydraulische Verstellung. Das Seil der Hauptwinde diente gleichzeitig als Hubseil für den Kran. Dieser war im Stande die komplette Antriebsgruppe oder den Turm des Panzers 68 zu ziehen und wieder einzusetzen. Die Seiten beherbergten zahlreiche Staukästen für Werkzeugausrüstung sowie Schweiß- und Schneidbrenner.
Der Fahrer saß vorne rechts, sein Platz war mit einer Luke und drei Winkelspiegeln ausgerüstet. Hinter dem Fahrer waren zwei drehbare Kuppeln mit sechs Sichtglasblöcken und einer Luke eingebaut. Auf einer davon waren vier Nebelwerfer 51 montiert, auf der anderen die Lafette für das Panzermaschinengewehr 51/71. Die Besatzung des Panzers bestand aus dem Kommandanten, einem Fahrer, einem Beobachter und zwei Panzermechanikern.

Kampfwertsteigerung

Zwischen 1993 und 1995 wurden alle Entpannungspanzer 65 modifiziert und erhielten die Bezeichnung Entpannungspanzer 65/88. Die Revision beinhaltete unter anderem die Sanierung der elektrischen Anla-

Prototyp Entpannungspanzer 65, Abschleppen eines Panzers 61, Waffenplatz Thun, 1969. (VBS/DDPS)

Entpannungspanzer 65/88, Waffenplatz Thun, Juni 1993. (Archiv Stiftung HAM)

Entpannungspanzer 65/88, Waffenplatz Thun, Juni 1993. (VBS/DDPS)

ge, das Anpassen der Antriebsgruppe dem Stand AA6 (Pz 68/88), ein neues Funkgerät sowie neue 7,6-cm-Nebelwerfer 87.
Die Armee verfügte über 69 Entpannungspanzer 65/88. Diese standen von 1972 bis 2008 im Truppeneinsatz.

Typ	Entpannungspanzer 65 (Entp Pz 65)
Hersteller	K+W Thun, Schweiz
Besatzung	5
Kennzeichen	M+78631-M+78664 (1. Serie), M+78665-M+78680 (2. Serie), M+78681-M+78686 (3. Serie), M+78687-M+78699 (4. Serie)
Gefechtsgewicht	39800 kg
Länge	7600 mm (mit Dozerblatt)
Breite	3150 mm
Höhe	3250 mm
Motor	MTU MB 837, 8 Zylinder, Viertakt
Leistung	660 PS (17,4 PS/t)
Höchstgesch.	55 km/h (Straße)
Kraftstoffvorrat	905 Liter
Fahrbereich	350 km (Straße)
Bewaffnung	1 x 7,5-mm-Pz MG 51/71, 4 x 8,0-cm-Nebelwerfer 51
Panzerung	Panzerstahlstruktur

Typ	Entpannungspanzer 65/88 (Entp Pz 65/88)
Hersteller	K+W Thun, Schweiz
Besatzung	5
Kennzeichen	M+78631-M+78664 (1. Serie), M+78665-M+78680 (2. Serie), M+78681-M+78686 (3. Serie), M+78687-M+78699 (4. Serie)
Gefechtsgewicht	39800 kg
Länge	7600 mm (mit Dozerblatt)
Breite	3150 mm
Höhe	3250 mm
Motor	MTU MB 837, 8 Zylinder, Viertakt
Leistung	660 PS (16,6 PS/t)
Höchstgesch.	55 km/h (Straße)
Kraftstoffvorrat	905 Liter
Fahrbereich	350 km (Straße)
Bewaffnung	1 x 7,6-mm-Pz MG 51/71, 4 x 7,6-cm-Nebelwerfer 87
Panzerung	Panzerstahlstruktur

BERGEPANZER BÜFFEL

Der Bergepanzer Büffel (BPz Büffel) ist der modernste Bergepanzer der Schweizer Armee. Die Beschaffung von 25 Fahrzeugen erfolgte über das Rüstungsprogramm 2001, seit 2004 sind die Fahrzeuge bei den Panzerbataillonen im Einsatz.

Entwicklung

Der Bergepanzer Büffel (oder Bergepanzer 3) wurde Ende der 1980er Jahre als erstes und damals einziges Fahrzeug aus der Familie des Kampfpanzers Leopard 2 gemeinsam von Deutschland und den Niederlanden entwickelt und ab 1991 von der ehemaligen Firma MaK (gehört heute zu Rheinmetall Landsysteme GmbH) in Serie hergestellt. Die Bundeswehr bestellte 75, die niederländischen Streitkräfte 25 Fahrzeuge. Die Auslieferung der 100 Bergepanzer erfolgte von März 1992 bis September 1994.

1999 bestellte auch die schwedische Armee 10 Bergepanzer, die jedoch im Gegensatz zu den früheren Modellen für die Lastenklasse MLC 70 (63,5-t-Kettenfahrzeug respektive 74,6-t-Radfahrzeuge) statt MLC 60 (54,5 t respektive 63,9 t) ausgelegt war. Die Auslieferung an die schwedische Panzertruppe erfolgte 2002 und 2003.

RLS lieferte 2002 vier Bergepanzer nach Spanien, weitere zwölf Fahrzeuge wurden unter der Führung von Santa Barbara Blindados SA in Lizenz hergestellt. Teile der bergespezifischen Ausrüstung wurden von RLS zudem nach Frankreich (Bergepanzer Leclerc) und Südkorea (Bergepanzer K1) verkauft.

Die Schweiz verfügte Anfang der 2000er Jahre noch über 69 Entpannungspanzer 65/88. Sie waren jedoch nur in der Lage, Kettenfahrzeuge bis 40 t zu bergen, während der Panzer 87 knapp 57 t wog. Eine Bergung war damals also nur mit einem anderen Panzer 87 möglich. Da aufgrund der Aufträge aus Schweden und Spanien bei RLS ab 2001 nach sechsjährigem Unterbruch die Serienproduktion des Bergepanzers 3 wieder anlief, entschloss sich die Schweiz 2001, mit einer Bestellung über 25 Fahrzeuge aufzuspringen und die Lücke zu schließen.

Bergepanzer Büffel, mit 12,7-mm-Maschinengewehr 64/93, Schießplatz Hinterrhein. (VBS/DDPS)

Bergepanzer Büffel, beim Abschleppen eines Panzers 87 Leopard, Waffenplatz Thun. (Archiv Franz Knuchel)

Technik

Der Brückenpanzer Leopard basiert trotz Ähnlichkeiten mit dem Leopard 2A4 auf einer komplett neu hergestellten Wanne, allerdings mit identischem Fahr- und Triebwerk.

Die Fahrzeugbesatzung besteht aus dem Kommandanten, dem Fahrer und einem Bergesoldaten.

Der Bergepanzer Büffel verfügt über folgende Hauptsysteme:

- Räumschild (Breite 3420 mm bzw. 4020 mm mit Seitenteilen, Höhe 880 mm bzw. 935 mm mit Zusatzklappen)
- Windenanlage mit Hauptwinde (140 m Seil, 1. Gang 343 kN, 16 m/min, 2. Gang 47 kN, 85 m/min) und Hilfswinde (230 m Seil, 13,5–17,5 kN, 40–47 m/min)
- Krananlage (max. Hakenlast 30 t bei 1,5 m Ausladung und 120° Schwenkbereich bzw. max. Ausladung 5,9 m bei 7,3 t Hakenlast und 270° Schwenkbereich) mit Hubwinde (76 m Seil, 53 kN, 32–66 m/min)
- Gefechtsfeldbergeeinrichtung zum Bergen von Fahrzeugen unter Panzerschutz
- Heckträger mit Werkzeugen und Ausrüstung

Mit der Krananlage können komplette Kampfpanzertürme (Panzer 87 Leopard 21,4 t) gezogen und wieder eingesetzt werden. Der Heckträger ist für die Aufnahme eines Ersatztriebwerks für den Panzer 87 (6120 kg, mit Befüllung) oder für den Schützenpanzer 2000 ausgelegt. Defekte Triebwerke können so innerhalb weniger Minuten im Feld ausgewechselt werden.

Mithilfe von Umlenkrollen und Seilzügen kann die Zugkraft von Hauptwinde (ca. 34 t) und Hilfswinde (ca. 1,5 t) verdoppelt oder vervierfacht werden.

Typ	Bergepanzer Büffel (BPz Büffel)
Hersteller	Rheinmetall Landsysteme GmbH (RLS), Deutschland
Besatzung	3
Kennzeichen	M+77481-M+77505
Einsatzzeit	seit 2004
Gefechtsgewicht	58000 kg
Länge	9550 mm
Breite	3580 mm
Höhe	2980 mm
Motor	MTU MB 873 Ka 501, 12 Zylinder, Turbodiesel
Leistung	1500 PS (25,9 PS/t)
Höchstgesch.	68 km/h
Kraftstoffvorrat	1500 Liter
Fahrbereich	480 km Straße (240 km Abschleppen Pz 87), 260 km Gelände (140 km Abschleppen Pz 87)
Bewaffnung	1 x 12,7-mm-Maschinengewehr 64/93, 16 x 7,6-cm-Nebelwerfer (8 am Bug, 8 am Heck)
Panzerung/Schutz	ABC-Schutzanlage, Feuerwarn- und Löschanlage (Triebwerkraum), Panzerstahlstruktur übertrifft STANAG 4569 KE Level 4 (14,5 mm x 114 API)

Das Räumschild mit verstellbaren Seitenverbreiterungen dient primär dazu, das Fahrzeug beim Einsatz von Kran- und Windenanlage zu verankern. In der Praxis wird das Räumschild aber auch für einfachere Erdarbeiten und das improvisierte Räumen von Minen (falls kein Minenräumpanzer zu Verfügung steht) eingesetzt.

Bergepanzer Büffel, beim Aushub. (VBS/DDPS)

Die Bergung von anderen Fahrzeugen erfolgt entweder unter Panzerschutz mit der Schnellberge-einrichtung am Heck des Bergepanzers oder in Friedenszeiten beziehungsweise bei einer entsprechenden taktischen Sicherung alternativ mithilfe einer Abschleppstange, die jedoch durch den Bergesoldaten manuell angebracht werden muss. Das 12,7-mm-Maschinengewehr 64/93 (MG 64/93, Kadenz 450–650 Schuss pro min) verschießt 12,7 mm x 99 Pz Spr Pat 92 und 12,7 mm x 99 Pz Spr Pat 93 Lsp im Verhältnis 3 zu 1.

Mithilfe der 7,6-cm-Nebelwurfanlage (4 Salven à 4 Nb Pat 87/95, je zwei Wurfeinheiten am Bug und am Heck) kann der Kommandant vor oder während des Schnellbergevorgangs auch hinter dem Fahrzeug eine Nebelwand erzeugen (Wirkung 100 m pro Seite, Aufbau 5 s, Dauer 90–120 s), um es der gegnerischen Sicht zu entziehen.

Der Bergepanzer Büffel bietet durch seine Panzerstahlstruktur einen Rundumschutz gegen schwere Maschinengewehre (14,5 mm x 114 API) sowie Granatsplitter. Das Fahrzeug verfügt über einen minimalen integrierten Minenschutz (Versteifung des Wannenbodens).

Triebwerk und Fahrwerk entsprechen demjenigen des Panzers 87 und verleihen dem Bergepanzer Büffel damit vergleichbare Mobilitätswerte. Durch den höheren Treibstoffvorrat (1500 anstatt 1160 Liter) wird der höhere Verbrauch beim Abschleppen kompensiert. Das Fahrzeug überschreitet Gräben bis 3 m, klettert über Hindernisse bis 0,9 m, überwindet Böschungen bis 30 Grad (60 %) und kann bis zu einer Tiefe von 1,2 bzw. 1,4 m (nach entsprechender Vorbereitung) waten.

Einsatz in der Schweizer Armee

Die Beschaffung von 25 Bergepanzer Büffel erfolgte im Rahmen des Rüstungsprogrammes 2001. Auftragnehmer war Rheinmetall Landsysteme in Kiel, der zwanzigprozentige Anteil der Schweizer Industrie an der Produktion beschränkte sich auf das Berge- und Hauptwindenseil, den Kranausleger, Wannenkomponenten und das Pumpenverteilergetriebe.

Die Serienproduktion fiel in die Jahre 2004 und 2005, die Fahrzeuge wurden neu gebaut (kein Umbau von außer Dienst gestellten Kampfpanzern). Der Bergepanzer Büffel wurde 2005 in die Logistikkompanien der Panzertruppe eingeführt.

GENIE- UND MINENRÄUMPANZER LEOPARD (KODIAK)

Der Genie- und Minenräumpanzer Leopard (G/Mirm Pz Leo) ist ein modernes Multifunktionsfahrzeug, das entweder als schwerer Geniepanzer oder als schwerer Minenräumpanzer betrieben werden kann. 2006 wurde die Beschaffung von zwölf Fahrzeugen und sechs Minenräumsystemen beschlossen, seit 2011 sind die Fahrzeuge bei den Panzerbataillonen im Einsatz.

Entwicklung

Im Jahr 2000 startete die Schweizer Armee mit der Vorevaluation eines Geniepanzers auf Basis des Leopard 2. Zu diesem Zweck wurden zwei auf dem Markt erhältliche Systeme auf dem Chassis des Kampfpanzers Leopard 1 einer Prinziperprobung unterzogen:

- Armoured Engineering Vehicle der Firma Hägglunds (HSVM), Norwegen
- Pionierpanzer Dachs der Firma Rheinmetall Landsysteme GmbH (RLS), Deutschland

Beide Fahrzeuge waren zu diesem Zeitpunkt schon in verschiedenen Ländern mit Leopard-1-Flotten im Einsatz, verfügten jedoch über keine logistische Gleichheit mit dem in der Schweiz eingeführten Panzer 87 Leopard und dem Bergepanzer Büffel.

Aufgrund der Ergebnisse der Prinziperprobung wurde entschieden, die Entwicklung eines Geniepanzers auf der Basis des Chassis des Panzers 87 Leopard in Auftrag zu geben. Im April 2002 unterzeichnete die damalige Gruppe Rüstung mit Rheinmetall Landsystem GmbH einen Entwicklungsvertrag, in dem auch die Zusammenarbeit mit RUAG Land Systems in Thun geregelt war. Diese Firma war als Generalunternehmerin für die Serienfertigung vorgesehen.

Im August 2003 lieferte die Industrie einen Prototyp ab. Die nachfolgenden technischen Erprobungen und Truppenversuche verliefen erfolgreich. Im Herbst 2003 konnte durch armasuisse die Beschaffungsreife des Geniepanzers erklärt werden, einschließlich der beiden Module »Genie« und »Minenräumung«. Die Beschaffung erfolgte über das Rüstungsprogramm 2006, die Serienproduktion startete schließlich nach weiteren Truppenversuchen mit dem Nullserienfahrzeug im Jahr 2011.

Genie- und Minenräumpanzer Leopard. (VBS/DDPS)

Genie- und Minenräumpanzer Leopard, Waffenplatz Thun. (VBS/DDPS)

Unter der Bezeichnung Armored Engineering Vehicle AEV 3 bzw. Pionierpanzer 3 Kodiak steht das Fahrzeug mittlerweile auch in Schweden, den Niederlanden und Singapur im Einsatz.

Technik

Der Genie- und Minenräumpanzer Leopard basiert auf dem Chassis des Panzers 87, wobei ein zweiteiliger Mannschaftsraum den Turm ersetzt. Die Fahrzeugbesatzung besteht aus dem Kommandanten, dem Fahrer und einem Panzersappeur. Der Genie- und Minenräumpanzer Leopard verfügt über folgende Hauptsysteme:

- Dozeranlage (Breite 3400 mm bzw. 4020 mm mit Seitenteilen, Höhe 1100 mm, Räumtiefe 400 mm, Räumleistung 350 m3/h, Schnitt- und Tiltwinkelverstellung), mit zwei Reißzähnen (Reißtiefe 300 mm, Reißkraft 450 kN)
- Baggeranlage (Schwenkbereich ±80°*, Reichweite 9 m, Grabentiefe 4 m, Reißkraft (Stiel einfahren) 85 kN, Losbrechkraft (Löffel einkippen) 120 kN, Grableistung 200 m3/h, Kranlast bei maximaler Auslegung 2600 kg mit Tieflöffel bzw. 3300 kg ohne Tieflöffel)in den Betriebsarten Heben und Elevation > 60° erhöht sich der Schwenkbereich auf -205°
- Doppelwindenanlage (2 x 200 m Seil, 2 x 90 kN, 6 m/min bzw. 90 m/min bei < 2,5 kN)
- Hydraulisches Schneidgerät (Schneidkraft 36 t)
- Heckträger mit Werkzeugen und Ausrüstung

Anstelle der Dozeranlage und der Werkzeugkisten auf dem Heckträger kann ein Minenräumsystem angebaut werden, bestehend aus folgenden Komponenten:

- Minenräumpflug (Räumbreite 4200 mm, Räumtiefe 0–300 mm, Geschwindigkeit 5–15 km/h)
- Elektromagnetisches Minenräumsystem Demeter IIA
- Gassenmarkiersystem bestehend aus zwei Markierpfeilmagazinen (je 50 Markierpfeile, Abschuss alle 5/10/15 s bzw. 5/10/15/20/50/100 m)
- Wechselabrollbehälter für Minenräumsystem bzw. abgebaute Dozeranlage und Werkzeugkisten

Mit der Dozer- und Baggeranlage können schnell und unter Panzerschutz umfangreiche Erdarbeiten (z.B. Zuschütten von Panzergräben,

Erstellen von Hindernissen) durchgeführt werden. Die Reißzähne an der Dozeranlage dienen zum Aufreißen von hartem Boden (z.B. Verkehrsträger unbrauchbar machen, gefrorenes Erdreich auflockern).
Die Baggeranlage verfügt über eine hydraulische Schnellwechseleinrichtung (Volvo S1) und ermöglicht das Arbeiten mit einem Tieflöffel (1 m³), einem Universalgreifer oder als Kran (ohne Anbauteil). Standardmäßig ist der Tieflöffel angebaut, der Universalgreifer wird auf dem Heckträger mitgeführt.
Das Fahrzeug verfügt über zwei unabhängige Windenanlagen. Mithilfe von Umlenkrollen und Seilzügen kann die Zugkraft der Winden (9 t) verdoppelt oder vervierfacht werden.
Mit dem hydraulischen Schneidgerät können Stahlkabel o.Ä. von einer Dicke bis 180 mm durchtrennt werden. Das Schneidgerät wird abgesessen durch den Panzersappeur bedient.
Der Minenräumpflug gräbt Panzerabwehrminen auf einer Breite von 4,2 m und einer Tiefe von 0,3 m aus, schiebt sie zur Seite und schlägt somit eine Bresche in ein Minenfeld, die durch das Gassenmarkiersystem vollautomatisch in wählbaren Zeitabständen oder Distanzen markiert wird. Das auf dem Pflug montierte elektromagnetische Minenräumsystem Demeter IIA simuliert mittels elektromagnetischer Felder (vier Magnetspulen und zwei Hochfrequenzantennen) vor dem Fahrzeug die Signatur eines Kampfpanzers und aktiviert dadurch Minen mit elektronischen Zündsystemen. Die Detonation der Minen erfolgt vor dem Fahrzeug und reduziert dadurch die Gefährdung der Besatzung.
Der Umbau von Genie- auf Minenräumkonfiguration kann durch die Besatzung selbstständig durchgeführt werden und dauert nur wenige Stunden. Das nicht benötigte Material wird auf einem Wechselabrollbehälter deponiert und separat transportiert.
Das 12,7-mm-Maschinengewehr 64/93 (MG 64/93, Kadenz 450–650 Schuss pro min) verschießt 12,7 mm x 99 Pz Spr Pat 92 und 12,7 mm x 99 Pz Spr Pat 93 Lsp im Verhältnis 3 zu 1.
Mithilfe der 7,6-cm-Nebelwurfanlage (2 Salven à 8 Nb Pat 87/95) kann der Kommandant vor dem Fahrzeug eine Nebelwand erzeugen (Wirkung 100 m pro Seite, Aufbau 5 s, Dauer 90–120 s), um es der gegnerischen Sicht zu entziehen.
Der Genie- und Minenräumpanzer Leopard bietet durch seine Panzerstahlstruktur einen Rundumschutz gegen schwere Maschinengewehre (14,5 mm x 114 API) und gegen Granatsplitter. Das Fahrzeug verfügt über einen integrierten Minenschutz (u.a. Drehstabfesseln, Zwischenboden, von der Struktur entkoppelte Sitze, spezielle Befestigungssysteme für mitgeführtes Material). Durch die optionale Minenschutzplatte kann der Schutz gegen Panzerabwehrminen und improvisierte Sprengvorrichtungen (IED) auf Kosten des Gefechtsgewichtes (+ 1,7 t) erhöht werden. Eingesetztes Triebwerk und Fahrwerk entsprechen denen des Panzers 87 und verleihen dem Genie- und Minenräumpanzer Leopard damit vergleichbare Mobilitätswerte. Das Fahrzeug überschreitet Gräben bis 3 m (2 m in der Minenräumkonfiguration), klettert über Hindernisse bis 0,9 m (0,5 m in der Minenräumkonfiguration), überwindet Böschungen bis 30° (60 %) und kann bis zu einer Tiefe von 1,2 m waten. Durch das integrierte Stromerzeugermodul kann eine elektrische Stromversorgung des Fahrzeugs unabhängig vom Triebwerk erreicht werden.

Einsatz in der Schweizer Armee

Die Beschaffung von zwölf Genie- und Minenräumpanzer Leopard, inklusive sechs Minenräummodulen und vier Minenschutzkits, erfolgte im Rahmen des Rüstungsprogrammes 2006. Als Generalunternehmerin fungierte RUAG Land Systems in Thun.
Die Serienproduktion erfolgte zwischen 2011 und 2013. Die Fahrzeuge wurden auf den Chassis von außer Dienst gestellten Panzern 87 aufgebaut. Die Fahrzeuge wurden im letzten Quartal 2012 in der Truppe eingeführt. Je sechs Genie- und Minenräumpanzer und vier Minenräummodule sind den Panzersappeurbataillonen 1 und 11 zugeteilt.

Typ	Genie- und Minenräumpanzer Leopard (G/Mirm Pz Leo)
Hersteller	RUAG Land Systems, Thun, Schweiz, Rheinmetall Landsysteme, Kiel, Deutschland
Besatzung	3
Kennzeichen	M+77103 (Prototyp), M+77169, M+77204, M+77226, M+77232-M+77234, M+77239, M+77250-M+77254
Einsatzzeit	seit 2012
Gefechtsgewicht	60700 kg (Konfiguration Geniepanzer) 63500 kg (Konfiguration Minenräumpanzer)
Länge	10200 mm
Breite	3540 mm
Höhe	3140 mm
Motor	MTU MB 873 Ka 501, 12 Zylinder, Turbodiesel
Leistung	1500 PS (24,7 PS/t Konfiguration Geniepanzer); (23,6 PS/t Konfiguration Minenräumpanzer)
Höchstgesch.	68 km/h (Konfiguration Geniepanzer), 50 km/h (Konfiguration Minenräumpanzer)
Kraftstoffvorrat	1160 Liter
Fahrbereich	340 km Straße, 220 km Gelände
Bewaffnung	1 x 12,7-mm-Maschinengewehr 64/93, 16 x 7,6-cm-Nebelwerfer
Panzerung/Schutz	ABC-Schutzanlage, Feuerwarn- und Löschanlage (Triebwerkraum), Panzerstahlstruktur mit integriertem Minenschutz, Minenschutzplatte, übertrifft STANAG 4569 KE Level 4 (14,5 mm x 114 API), übertrifft STANAG 4569 Minenschutz Level 4 (10 kg TNT)

BRÜCKENPANZER LEOPARD

Der Brückenpanzer Leopard (Brü Pz Leo) ist der modernste Brückenpanzer der Schweizer Armee. Die Beschaffung von zwölf Fahrzeugen erfolgte über das Rüstungsprogramm 2014, seit 2019 sind die Fahrzeuge bei den Panzersappeurbataillonen im Einsatz.

Entwicklung

Finnland kaufte 2002 von Deutschland 124 gebrauchte Leopard 2A4, um die bestehende T-55- und T-72GM1-Flotte aus Sowjetbeständen abzulösen. Sechs dieser Fahrzeuge sollten zu Brückenpanzern und sechs zu Minenräumpanzern umgebaut werden. Da es zu diesem Zeitpunkt noch kein Brückenlegesystem auf Basis des Leopard 2 gab, wurde der finnische Rüstungskonzern 2004 mit einer entsprechenden Entwicklung beauftragt. RUAG Land Systems (ehemals K+W in Thun) gewann die folgende Ausschreibung und erhielt Anfang 2005 einen Auftrag im Umfang von 10 Millionen Franken zur Integration des Brückensystems Leguan von MAN Mobile Bridges GmbH auf den Leopard 2.

Prototyp und technisches Datenpaket wurden 2006 fertiggestellt. Nach den erfolgreichen Truppenversuchen produzierte Patria eine Serie von sechs Brückenpanzern Leopard 2L für die finnischen Streitkräfte, die 2008 übergeben wurden.

Im Auftrag der Schweizer Armee hatte armasuisse parallel zur finnischen Entwicklung mit einer Vorevaluation von möglichen Brückensystemen zur Integration auf den Leopard 2 begonnen. Die Neuentwicklung sollte den Brückenpanzer 68/88 ersetzen. Nach der Vorevaluation standen noch zwei Systeme zur Auswahl:

- die Scherenbrücke BR90 der Firma ALVIS Vickers (Großbritannien)
- die Schiebebrücke Leguan der Firma MAN Mobile Bridges (Deutschland)

Aufgrund der Ergebnisse aus der Prinziperprobung fiel der Entscheid schließlich ebenfalls zugunsten der Leguan-Brücke.

Bereits im April 2005 übernahm Krauss-Maffei Wegmann (KMW) die MAN Mobile Bridges GmbH; eine weitere Vermarktung des von RUAG entwickelten Systems – auch für die Schweizer Armee – war aufgrund der Konkurrenzsituation deshalb nicht mehr möglich (KMW verweigerte de facto eine Lieferung der Brückensysteme an den Konkurrenten).

Um einen Rechtsstreit zu vermeiden, beauftragte armasuisse KMW schließlich mit der Entwicklung und Fertigung eines eigenen Prototyps

Brückenpanzer Leopard. (VBS/DDPS)

und steuerte dazu das Chassis eines außer Dienst gestellten Panzers 87 Leopard bei. Kurz vor der Auslieferung des Prototyps für Erprobungen in der Schweiz im Mai 2008 entschied aber die Armeeführung aufgrund der unklaren Vorgaben im Zusammenhang mit der Weiterentwicklung der Armee und auch aus finanziellen Gründen, das Brückenlegesystem-Projekt vorerst zu stoppen. KMW führte die Entwicklung weiter und fand in der Folge mit Singapur 2011 einen ersten Abnehmer für den Brückenpanzer.

Nach der Außerdienststellung des Brückenpanzers 68/88 im Jahr 2011 und der Wiederaufnahme des Projekts zur Beschaffung eines neuen Systems im Masterplan 2012 wurde zunächst der Entwicklungsstand erfasst und die Serienkonfiguration der Entwicklung von KMW festgelegt. Anfang 2013 lieferte KMW erneut einen Prototypen ab.

Die nachfolgenden technischen Erprobungen und Truppenversuche verliefen erfolgreich. Im Herbst 2013 konnte schließlich die Beschaffungsreife des neuen Brückenlegesystems einschließlich seines Nachschubmoduls erklärt werden.

Ab 2009 erprobte die Bundeswehr das Brückensystem an den Wehrtechnischen Dienststellen 41 und 51, im Oktober 2016 erfolgte die Bestellung einer ersten Serie von sieben Systemen, im Juli 2020 wurde dieser Auftrag um eine zweite Serie von 24 Systemen erweitert. Im Juni 2018 wurde KMW von Patria mit dem Upgrade der bestehenden sechs Systeme und einer Lieferung von zusätzlichen vier Brückenpanzern beauftragt. Im Dezember 2019 bestellte auch die dänische Armee sieben Systeme.

Technik

Der Brückenpanzer Leopard basiert auf dem Chassis des Panzers 87 Leopard. Die Fahrzeugbesatzung besteht aus dem Kommandanten und dem Fahrer. Das Brückenlegesystem besteht aus folgenden Modulen:

- Brückenpanzer Leopard (Trägerfahrzeug)
- Brückensatz 26 m, zweiteilig, Traglast MLC 80*
- Brückensatz 14 m, zwei Brücken, Traglast MLC 80* MLC 80: Kettenfahrzeuge bis 73 t, Radfahrzeuge bis 84 t
- Nachschubmodul Einsatz, vierachsiges Zugfahrzeug mit schwerem Hydraulikkran und Sattelanhänger
- Nachschubmodul Ausbildung, dreiachsiges Zugfahrzeug und Sattelanhänger

Die Brücken werden im horizontalen Verfahren verlegt, was den taktischen Vorteil einer niedrigen Fahrzeugsilhouette während des Verlegevorgangs mit sich bringt. Die 26-m-Brücke besteht aus zwei Teilen. Zuerst wird die untere Brückenhälfte nach vorne geschoben, dann mit der oberen Brückenhälfte verbunden; anschließend wird die gesamte Brücke mit dem Hauptausleger über dem Hindernis abgelegt; der Stützschild am Bug verhindert ein Kippen des Fahrzeugs.

Die Aufnahme der Brücke erfolgt in der umgekehrten Reihenfolge.

Brückenpanzer Leopard. (VBS/DDPS)

Beim Einsatz der 14-m-Brücken führt der Panzer zwei einteilige Brücken mit, die unabhängig voneinander verlegt werden können. Eine überlappende Verlegung ermöglicht jedoch grundsätzlich auch die Überbrückung von breiteren Hindernissen.

Mit Hilfe der 7,6-cm-Nebelwurfanlage (2 Salven à 6 Nb Pat 87/95) kann der Kommandant vor dem Fahrzeug eine Nebelwand erzeugen (Wirkung 100 m pro Seite, Aufbau 5 s, Dauer 90–120 s), um es der gegnerischen Sicht zu entziehen.

Der Brückenpanzer Leopard bietet durch seine Panzerstahlstruktur einen Rundumschutz gegen schwere Maschinengewehre (14,5 mm x 114 API) und gegen Granatsplitter. Das Fahrzeug verfügt über einen integrierten Minenschutz (u.a. Drehstabfesseln, Zwischenboden, von

Brückenpanzer Leopard. (VBS/DDPS)

Typ	Brückenpanzer Leopard (Brü Pz Leo)
Hersteller	Krauss-Maffei Wegmann GmbH (KMW), Deutschland
Besatzung	2
Kennzeichen	-
Einsatzzeit	seit 2019
Gefechtsgewicht	62300 kg (mit Brücke), 51500 kg (ohne Brücke)
Länge	15120 mm (mit 26-m-Brücke), 14480 mm (mit 14-m-Brücke)
Breite	4050 mm (mit Brücke),
Höhe	4000 mm (mit Brücke)
Motor	MTU MB 873 Ka 501, 12 Zylinder, Turbodiesel
Leistung	1500 PS (26,5 PS/t)
Höchstgesch.	68 km/h
Kraftstoffvorrat	1160 Liter
Fahrbereich	430 km Straße, 250 km Gelände
Bewaffnung	12 x 7,6-cm-Nebelwerfer
Schutz	ABC-Schutzanlage, Feuerwarn- und Löschanlage (Triebwerkraum), Panzerstahlstruktur mit integriertem Minenschutz, übertrifft STANAG 4569 KE Level 4 (14,5 mm x 114 API), übertrifft STANAG 4569 Minenschutz Level 2 (6 kg TNT)

der Struktur entkoppelte Sitze, spezielle Befestigungssysteme für mitgeführtes Material).

Eingesetztes Triebwerk und Fahrwerk entsprechen denen des Panzers 87 und verleihen dem Brückenpanzer Leopard damit vergleichbare Mobilitätswerte. Das Fahrzeug überschreitet Gräben bis 3,1 m, klettert über Hindernisse bis 0,9 m, überwindet Böschungen bis 30° (60 %) und kann bis zu einer Tiefe von 1,1 m waten. Durch das integrierte Stromerzeugermodul kann eine elektrische Stromversorgung des Fahrzeugs unabhängig vom Triebwerk erreicht werden.

Einsatz in der Schweizer Armee

Die Versuche mit dem Prototypenfahrzeug fanden im April und Mai 2013 auf den Waffenplätzen Bure und Thun statt. Die Beschaffung von zwölf Brückenlegesystemen erfolgte im Rahmen des Rüstungsprogramms 2014. Als Basis für die Trägerfahrzeuge dienten außer Dienst gestellte Panzer-87-Chassis.

Das Nullserienfahrzeug wurde im Herbst 2017 noch einmal einem Härtetest unterzogen, Anfang 2018 erfolgte die Serienfreigabe. Die Einführung bei der Truppe erfolgte schließlich 2019, die sechs Brückenlegesysteme sind den Panzersappeurbataillonen 1 und 11 zugeteilt.

PIONIERPANZER 21

Während die Panzergrenadiere mit dem Schützenpanzer 2000 seit 2004 über ein modernes Gefechtsfahrzeug verfügen, basierte die Mobilität der Panzersappeure weiterhin auf dem M113 in der Version Sappeurpanzer 63/05 (umgebaute Geniepanzer 63, die 2005 bei der Truppe in Dienst gestellt wurden). Mit dem Rüstungsprogramm 2021 erfolgte die Beschaffung des Pionierpanzers 21, welcher ab 2027 der Truppe zulaufen soll. Damit erhalten die Panzersappeure mehr als zwei Jahrzehnte nach den Panzergrenadieren endlich einen modernen Schützenpanzer.

Beschaffung

Spätestens mit der Umrüstung der Panzergrenadierverbände auf den Schützenpanzer 2000 konnten die Panzersappeure mit ihrem Fahrzeug sowohl hinsichtlich Schutz als auch Mobilität nicht mehr mit dem Rest der mechanisierten Truppen mithalten. Mit der Einführung des Genie- und Minenräumpanzers Leopard (ab 2011) sowie des Brückenpanzers Leopard (ab 2019) – beide auf Basis des Panzers 87 (Leopard 2) – in den Unterstützungskompanien der Panzersappeurbataillone wurde immer deutlicher, dass die Panzersappeure ebenfalls ein neues Gefechtsfahrzeug benötigten.

Aufgrund der Abkehr der Armee von der Verteidigungsfähigkeit hin zur Ausrichtung auf wahrscheinlichere Einsätze (v.a. Unterstützung ziviler Behörden) war der politische Wille, viel Geld in neue Panzer zu investieren, eher gering.

Trotzdem wurde mit der Armeebotschaft 2021 die Beschaffung von 60 Pionierpanzern 21 auf Basis des Mowag Piranha IV 8x8 als 1:1-Ersatz für die Sappeurpanzer 63/05 beantragt. Ursprünglich war vorgesehen, nur die Panzersappeurzüge mit dem neuen Fahrzeug auszurüsten, während die Kommandofahrzeuge weiterhin auf einem Fahrzeug der M113-Flotte basieren sollten. Mit dem Ausbruch des Ukrainekrieges ging eine Wiederbesinnung auf den Primärauftrag der Armee einher, sodass mit der Armeebotschaft 2023 eine zweite Tranche beauftragt und damit der Bestand auf insgesamt 84 Fahrzeuge erhöht werden konnte. Dies erlaubt nun die einheitliche Konfiguration aller Panzersappeurkompanien, wobei sich das Beschaffungsvolumen damit auf rund 630 Millionen Schweizer Franken beläuft.

Die Wahl fiel aus mehreren Gründen auf den Mowag Piranha VI 8x8 als Trägerfahrzeug:

- international konkurrenzfähiges Gefechtsfahrzeug (der Piranha III ist in 7 anderen Ländern, der Piranha V in 5 Ländern im Einsatz oder aktuell in der Beschaffung)
- Synergien hinsichtlich Beschaffung, Ausbildung und Logistik mit anderen Fahrzeugen der Armee (u.a. 12-cm-Mörser 16)
- strategische Unterstützung der Schweizer Rüstungsindustrie (GDELS Mowag)

Technik

Der Pionierpanzer 21 ist ein Piranha IV 8x8 und verfügt damit über dieselbe Mobilität wie der 12-cm-Mörser 16, wobei er mit einem Maximalgewicht von 30 Tonnen etwas schwerer ist als der ebenfalls bei der Schweizer Armee eingeführte Piranha IIIC 8x8 (RAP Pz, Mzs Pz, KOMPAK Pz, KOMM Pz, ABC Aufkl Fz und Fhr Pz).

Die Besatzung des Fahrzeugs besteht aus dem Kommandanten, dem Fahrer und dem Schützen (autarke Waffenstation) sowie bis zu sechs mitgeführten Panzersappeuren im Mannschaftsraum.

Zum Selbstschutz verfügt das Fahrzeug über eine autarke Waffenstation CH-16 (Kongsberg Protector) mit einem 12,7-mm-Maschinengewehr 07 und einer 7,6-cm-Nebelwurfanlage mit 8 Wurfbechern. Im Fahrzeug integriert sind zudem eine ABC-Schutzanlage; ballistischer Schutz und Minenschutz entsprechen dem aktuellen Stand der Technik.

Das primäre geniespezifische Werkzeug des Fahrzeugs ist ein Dozer-/Räumschild zum Räumen von leichten Hindernissen sowie zum Bau von Geländeverstärkungen. Dieser kann bei Bedarf durch einen hyd-

Typ	Pionierpanzer 21 (Pi Pz 21)
Hersteller	GDELS Mowag, Kreuzlingen, Schweiz (Piranha IV 8x8)
Besatzung	3 (Kommandant, Fahrer, Schütze) + 6 Panzersappeure
Einsatzzeit	ab 2027
Gefechtsgewicht	28300 kg (ohne Anbaugeräte), bis 29800 (mit Anbaugeräten)
Länge	8200 mm
Breite	2920 mm
Höhe	3350 mm (mit Waffenstation)
Motor	Scania DC13, 6-Zylinder-Turbodiesel
Leistung	560 PS (18,8 PS/t)
Höchstgesch.	80 km/h
Kraftstoffvorrat	460 Liter
Fahrbereich	800 km (Strasse)
Bewaffnung	Waffenstation Kongsberg mit 1 x 12,7-mm-Maschinengewehr 07 8 x 7,6-cm-Nebelwerfer Abgesessene Formationen: NLAW, RGW 90
Werkzeuge	Dozerschild (Global Clearance Solutions GCS), Greifarm (Global Clearance Solutions GCS), anstelle Dozerschild. Minenräumpflug (Pearson Engineering), anstelle Dozerschild. Minidrohnenmodul
Schutz	Panzerstahlstruktur, optionale Zusatzschutzmodule, ABC-Schutzanlage

Pionierpanzer 21 in der Konfiguration Minenräumerpflug. (VBS/DDPS)

raulischen Greifarm mit Stützschild oder den vom Minenräumpanzer 63/00 übernommenen Minenräumpflug ausgetauscht werden. Greifarm und Minenräumpflug werden auf einem separaten Flat mitgeführt, um im Bedarfsfall einen schnellen Werkzeugwechsel zu ermöglichen. Als erstes Fahrzeug der Schweizer Armee verfügt der Pionierpanzer 21 serienmäßig über ein integriertes Minidrohnenmodul, das beispielsweise die Aufklärung von Hindernissen direkt ab Fahrzeug unter Panzerschutz ermöglicht.

Einsatz in der Schweizer Armee

Die ersten Fahrzeuge werden 2026 der Truppe für Umschulungskurse und Vorbereitung der Instruktoren zur Verfügung stehen, die breite Einführung bei der Truppe und die Ablösung des Sappeurpanzers 63/05 erfolgt voraussichtlich 2027.

Der Pionierpanzer 21 wird die Gefechtsleistung der Panzersappeure massiv erhöhen und damit den Panzerbataillonen sowohl offensiv (Bewegungsführung) als auch defensiv (Hindernisführung, Kampfvorbereitung) zusätzliche Schlagkraft verleihen.

Pionierpanzer 21 in der Konfiguration Greifarm im Gelände. (VBS/DDPS)

ÜBERSICHT PANZERBESCHAFFUNGEN DER LETZTEN 100 JAHRE

Jahr	Anzahl / Panzertyp
1921	2 Leichter Panzer Renault FT 17, Versuchsfahrzeuge
1932	2 Carden-Loyd, Versuchsfahrzeuge
1934	1 Panzerwagen 34, Versuchsfahrzeug
1935	4 Panzerwagen 34, Versuchsfahrzeuge
1936	1 Panzerwagen Landsverk 60, Versuchsfahrzeug
1937	12 Panzerwagen 39 (mit Benzinmotor)
1938	12 Panzerwagen 39 (mit Dieselmotor)
1939	3 Leichter Panzer Renault FT 17
1946	158 Panzerjäger G13
1951	200 Leichter Panzer 51, 302 Panzer-Begleitfahrzeuge Universal Carrier, 2 M47 Patton, Versuchsfahrzeuge
1955	100 Panzer 55 (Centurion Mk 3), 1. Serie, 10 Entpannungspanzer 56 (ARV Mk II), 1. Serie
1956	4 10,5-cm-Selbstfahrhaubitze AMX 13, Versuchsfahrzeuge
1957	100 Panzer 57 (Centurion Mk 7), 2. Serie, 10 Entpannungspanzer 56 (ARV Mk II), 2. Serie, 10 Mittlere Panzer 58, Vorserie
1960	100 Panzer 57 (Centurion Mk 5 aus Südafrika), 3. Serie, 10 Entpannungspanzer 56 (ARV Mk III aus Südafrika), 3. Serie, 20 Panzer-Begleitfahrzeuge Universal Carrier, 1 Schützenpanzer AMX-VTP, Versuchsfahrzeug, 1 Schützenpanzer Tartaruga, Versuchsfahrzeug
1961	150 Panzer 61, Umbewaffnung 150 Centurion von 8,4 cm auf 10,5 cm (Pz Kan 60)
1963	383 Schützenpanzer 63, 1. Serie, 200 Kommandopanzer 63, 1. Serie, 25 Übermittlungspanzer 63, 60 Geniepanzer 63, 132 Minenwerferpanzer 64, 2 Brückenpanzer Centurion, Versuchsfahrzeuge
1968	146 Panzerhaubitzen 66 (M109), 170 Panzer 68, 1. Serie 136 Schützenpanzer 63, 2. Serie, 161 Kommandopanzer 63, 2. Serie, 61 Kranpanzer 63, 40 Feuerleitpanzer 63, 60 Geniepanzer 63
1972	30 Brückenpanzer 68 (Brü Pz 68)
1973	Kampfwertsteigerung 520 Schützenpanzer 63/73, Kampfwertsteigerung 89 Kommandopanzer 63/73, Normalisierung Panzer 61
1974	120 Panzerhaubitzen 74, Umbau 146 Panzerhaubitzen 66 (L/23) auf Panzerhaubitzen 66/74 (L/39), 50 Panzer 68, 2. Serie, 55 Kommandopanzer 63, 3. Serie, 35 Feuerleitpanzer 63
1975	110 Panzer 68/75, 3. Serie, Kampfwertsteigerung 16 Kommandopanzer 63/73
1976	12 Panzer 57 (Centurion Mk 12 aus Kanada)
1978	60 Panzer 68/75, 4. Serie
1979	207 Panzerhaubitzen 79 (M109), 160 Kommandopanzer 63, 4. Serie, 65 Feuerleitpanzer 63
1984	380 Panzer 87 Leopard (35 Direkteinkauf, 345 Lizenzproduktion)
1986	310 Panzerjäger 90
1988	Material zur Bildung von 6 Panzerhaubitzenabteilungen, (108 Panzerhaubitze 88, 54 Raupentransportwagen 68, Umbau von 30 Kommandopanzern 63 in Feuerleitpanzer 63), Kampfwertsteigerung von 195 Panzer 68 zu Panzer 68/88, Umbau 30 Brückenpanzer 68/88

Jahr	Anzahl / Panzertyp
1989	Kampfwertsteigerung 322 Schützenpanzer 63/89 und 66 Kommandopanzer 63/89
1991	Kampfwertsteigerung 132 Minenwerferpanzer 64/91
1992	154 leicht gepanzerte Aufklärungsfahrzeuge, 1. Serie, 205 Radschützenpanzer, 1. Serie, (117 Füsilier-Radschützenpanzer, 59 Panzerabwehr-Radschützenpanzer, 29 Kommando-Radschützenpanzer)
1995	Kampfwertsteigerung 165 Panzerhaubitzen 95 (L/47), 1. Serie, (57 Pz Hb 79 zu Pz Hb 79/95, 108 Pz Hb 88 zu Pz Hb 88/95)
1996	205 Radschützenpanzer, 2. Serie, (117 Füsilier-Radschützenpanzer, 60 Panzerabwehr-Radschützenpanzer, 28 Kommando-Radschützenpanzer)
1997	Integrierte Artillerie-Feuerführungs- und Feuerleitsysteme (Intaff), 175 leicht gepanzerte Aufklärungsfahrzeuge, 2. Serie, Kampfwertsteigerung der Panzerabwehrlenkwaffen TOW, Kampfwertsteigerung von 291 Panzerhaubitzen 95 (L/47), 2. Serie, (33 Pz Hb 74 zu Pz Hb 74/95, 150 Pz Hb 79 zu Pz Hb 79/95), 35 Kommandopanzer Artillerie 63/97, 53 Feuerleitpanzer 63/97
1999	105 Radschützenpanzer, 3. Serie, (48 Füsilier-Radschützenpanzer, 22 Panzerabwehr-Radschützenpanzer, 35 Kommando-Radschützenpanzer)
2000	154 Schützenpanzer 2000, 32 Kommandoschützenpanzer 2000, 12 leichte Minenräumsysteme, 120 Schießkommandantenfahrzeuge
2001	25 Bergepanzer Büffel
2005	40 Sanitätsfahrzeuge Piranha (Umbau Panzerjäger), 60 Sappeurpanzer 63/05 (Umbau Geniepanzer 63)
2006	160 Kommando-Radschützenpanzer (Umbau Panzerjäger), 12 Genie- und Minenräumpanzer, 34 Panzer 87 Werterhaltung
2007	40 Schützenpanzer 63/07 (Umbau Kommandoschützenpanzer 63), 50 Kommandoschützenpanzer 63/07 (Umbau Feuerleitpanzer 63)
2008	220 GMTF, 1. Serie, 12 ABC-Aufklärungsfahrzeuge (Piranha IIIC, 8x8), Kampfwertsteigerung 133 Panzerhaubitzen M109 KAWEST
2010	70 GMTF, 2. Serie
2013	130 GMTF, 3. Serie
2014	12 Brückenpanzer Leopard
2016	32 12-cm-Mörser 16
2019	100 Taktisches Aufklärungssystem (Tasys, Eagle V 6x6)
2020	Nutzungsdauerverlängerung Schützenpanzer 2000, (154 Schützenpanzer 2000, 32 Kommandoschützenpanzer 2000)
2021	60 Pionierpanzer 21
2022	16 12-cm-Mörser 16
2023	24 Pionierpanzer 21
2025	32 Panzerhaubitze 25

Gliederung der Panzerwaffe

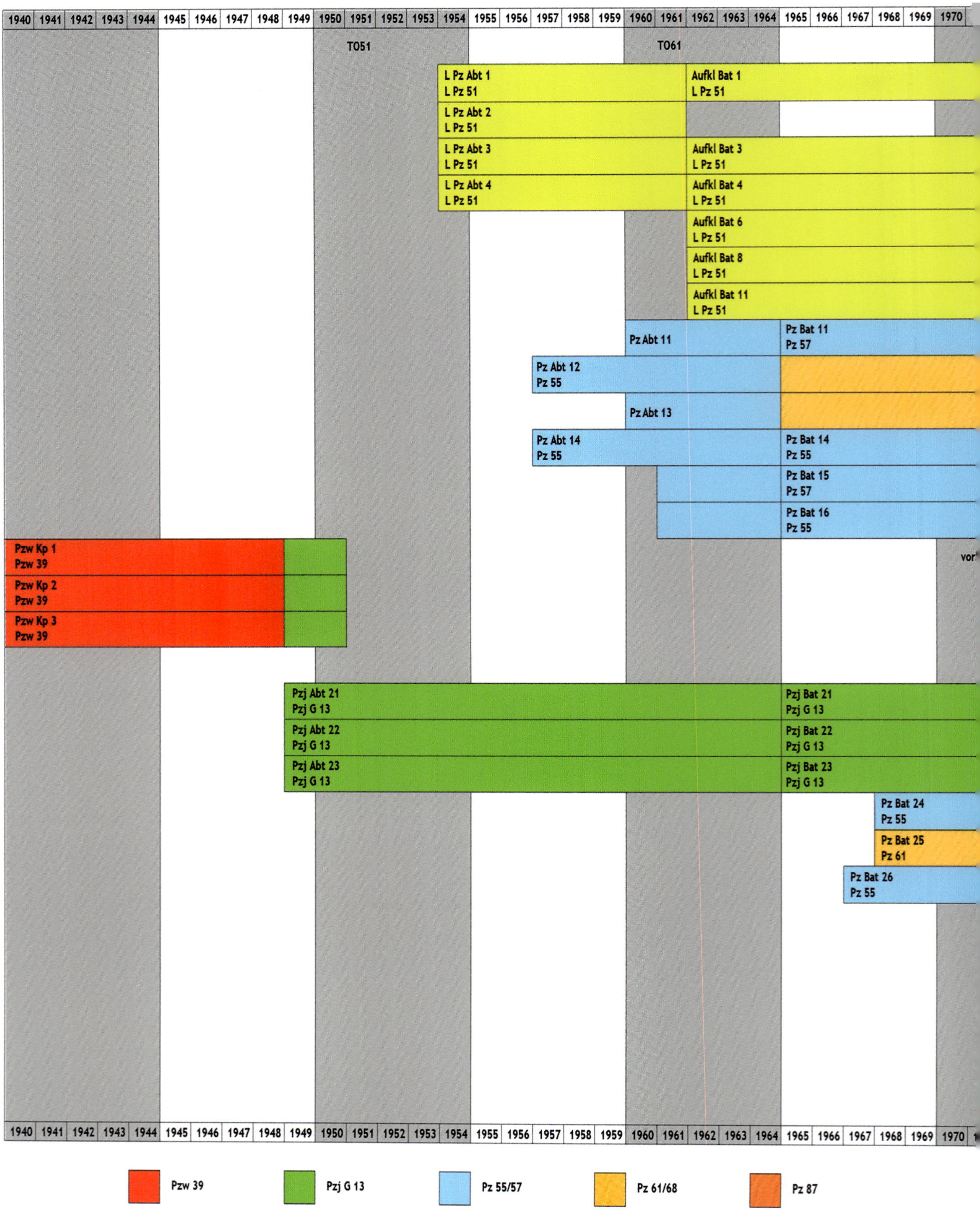

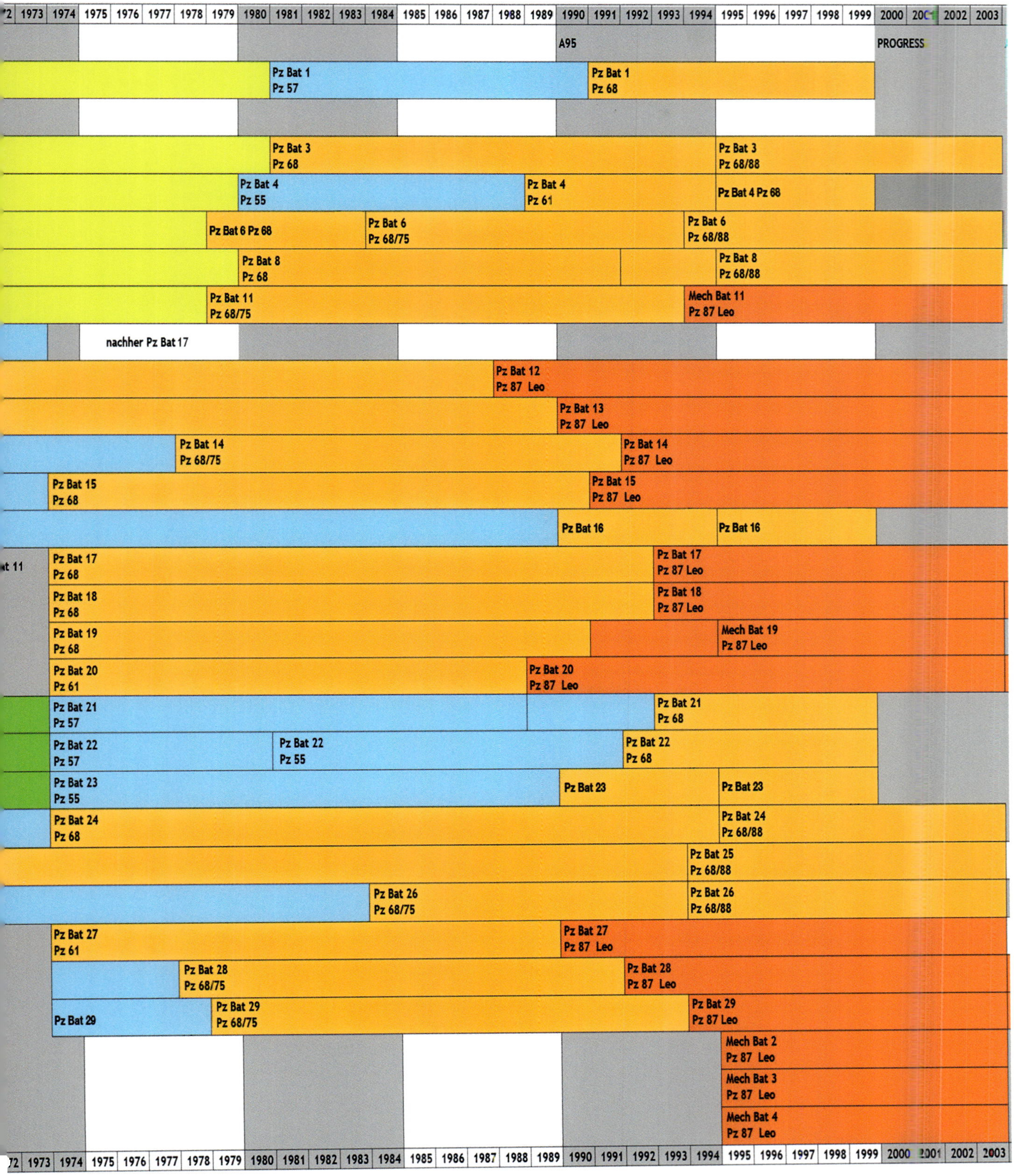

72 1973 1974 1975 1976 1977 1978 1979 1980 1981 1982 1983 1984 1985 1986 1987 1988 1989 1990 1991 1992 1993 1994 1995 1996 1997 1998 1999 2000 2001 2002 2003
A95
PROGRESS
Pz Bat 1 Pz 57
Pz Bat 1 Pz 68
Pz Bat 3 Pz 68
Pz Bat 3 Pz 68/88
Pz Bat 4 Pz 55
Pz Bat 4 Pz 61
Pz Bat 4 Pz 68
Pz Bat 6 Pz 68
Pz Bat 6 Pz 68/75
Pz Bat 6 Pz 68/88
Pz Bat 8 Pz 68
Pz Bat 8 Pz 68/88
Pz Bat 11 Pz 68/75
Mech Bat 11 Pz 87 Leo
nachher Pz Bat 17
Pz Bat 12 Pz 87 Leo
Pz Bat 13 Pz 87 Leo
Pz Bat 14 Pz 68/75
Pz Bat 14 Pz 87 Leo
Pz Bat 15 Pz 68
Pz Bat 15 Pz 87 Leo
Pz Bat 16
Pz Bat 16
Pz Bat 17 Pz 68
Pz Bat 17 Pz 87 Leo
Pz Bat 18 Pz 68
Pz Bat 18 Pz 87 Leo
Pz Bat 19 Pz 68
Mech Bat 19 Pz 87 Leo
Pz Bat 20 Pz 61
Pz Bat 20 Pz 87 Leo
Pz Bat 21 Pz 57
Pz Bat 21 Pz 68
Pz Bat 22 Pz 57
Pz Bat 22 Pz 55
Pz Bat 22 Pz 68
Pz Bat 23 Pz 55
Pz Bat 23
Pz Bat 23
Pz Bat 24 Pz 68
Pz Bat 24 Pz 68/88
Pz Bat 25 Pz 68/88
Pz Bat 26 Pz 68/75
Pz Bat 26 Pz 68/88
Pz Bat 27 Pz 61
Pz Bat 27 Pz 87 Leo
Pz Bat 28 Pz 68/75
Pz Bat 28 Pz 87 Leo
Pz Bat 29
Pz Bat 29 Pz 68/75
Pz Bat 29 Pz 87 Leo
Mech Bat 2 Pz 87 Leo
Mech Bat 3 Pz 87 Leo
Mech Bat 4 Pz 87 Leo

Gliederung der Panzerwaffe

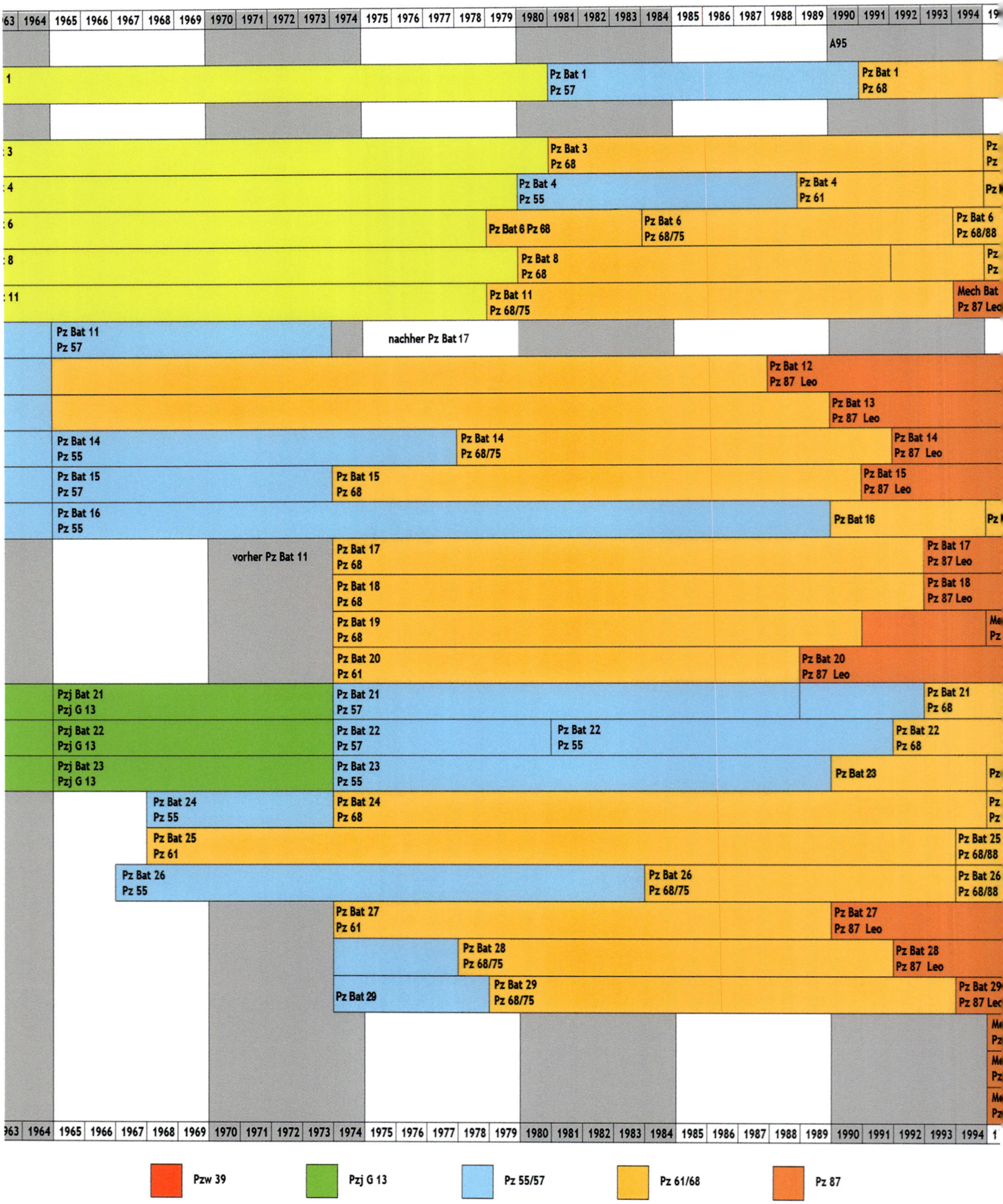

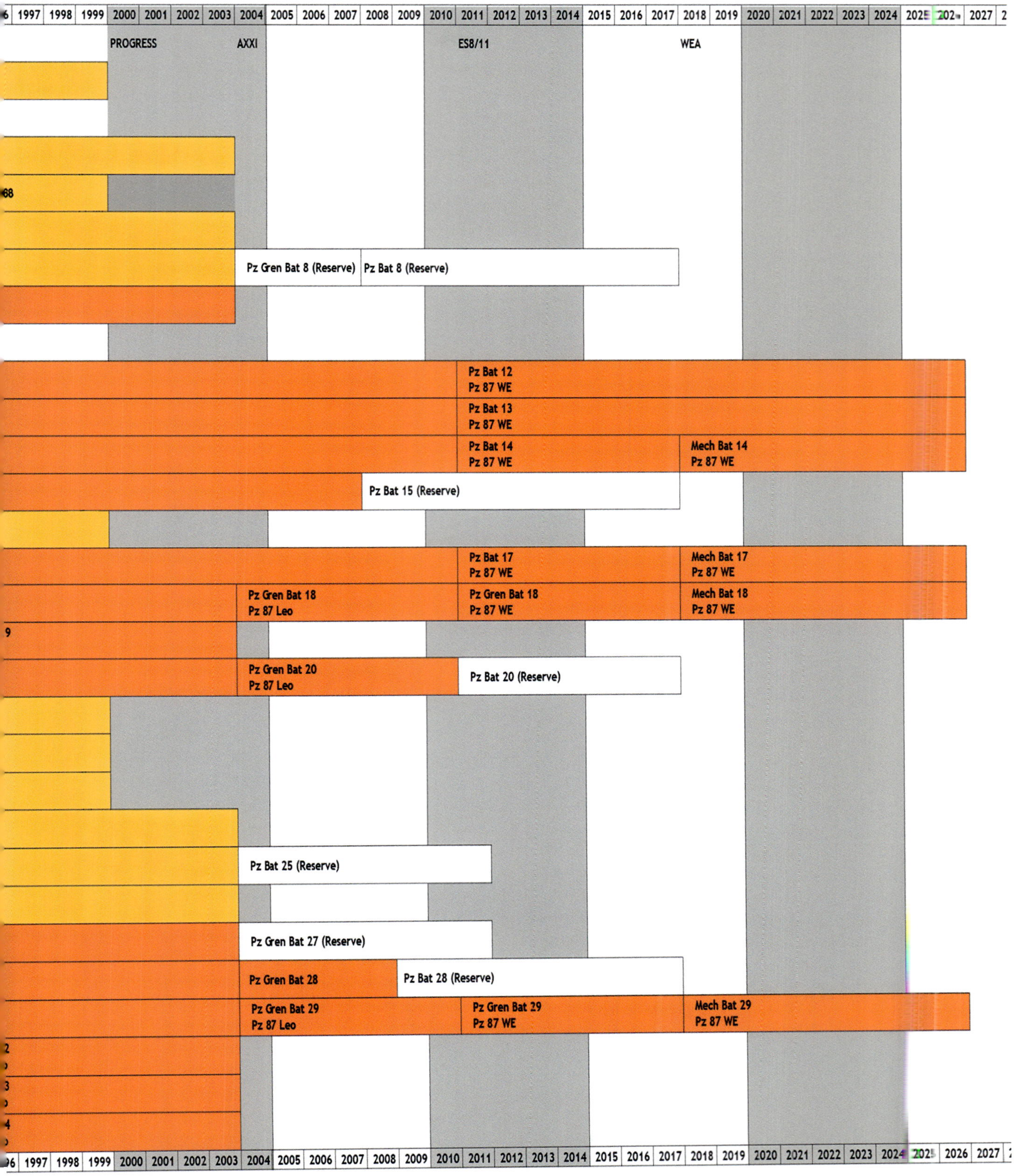
1997
1998
1999
2000
2001
2002
2003
2004
2005
2006
2007
2008
2009
2010
2011
2012
2013
2014
2015
2016
2017
2018
2019
2020
2021
2022
2023
2024
2027
PROGRESS
AXXI
ES8/11
WEA
68
Pz Gren Bat 8 (Reserve)
Pz Bat 8 (Reserve)
Pz Bat 12
Pz 87 WE
Pz Bat 13
Pz 87 WE
Pz Bat 14
Pz 87 WE
Mech Bat 14
Pz 87 WE
Pz Bat 15 (Reserve)
Pz Bat 17
Pz 87 WE
Mech Bat 17
Pz 87 WE
Pz Gren Bat 18
Pz 87 Leo
Pz Gren Bat 18
Pz 87 WE
Mech Bat 18
Pz 87 WE
9
Pz Gren Bat 20
Pz 87 Leo
Pz Bat 20 (Reserve)
Pz Bat 25 (Reserve)
Pz Gren Bat 27 (Reserve)
Pz Gren Bat 28
Pz Bat 28 (Reserve)
Pz Gren Bat 29
Pz 87 Leo
Pz Gren Bat 29
Pz 87 WE
Mech Bat 29
Pz 87 WE
2
3
4
2026

Panzerwagen 39 (1939)

Für die Bewaffnung der Leichten Truppen sind Panzerwagen vorgesehen. Der erste dringliche Bedarf beträgt ohne Reservefahrzeuge 24 Stück. Die Panzerwagendetachemente dieser Aufklärungsabteilungen sollten spätestens bis Ende 1938 ausgerüstet sein. (Beschaffung von Panzerwagen, 7. Dezember 1937).

Die Eingliederung in die Aufklärungsabteilungen der Divisionen zeigt, dass die Panzerwagen zur Aufklärung eingesetzt werden sollen. Sie sind indessen nicht das Aufklärungsmittel, sondern ein Hilfsmittel der Aufklärung. Im Vordergrund steht als Aufgabe die Nahaufklärung für die Bedürfnisse der Division, in einzelnen Fällen vielleicht gelegentlich reine Gefechtsaufklärung.

Weiter wird es sich um Aufklärungsaufgaben während der ersten Kriegstage handeln; denn darüber besteht wohl kein Zweifel, dass von den Panzerwagen nach einiger Zeit keine mehr vorhanden sein werden, bzw. nicht mehr in einer solchen Anzahl, dass wir bei der Auswahl des Materials auf diese Lage Rücksicht nehmen müssten.

Es scheint notwendig festzustellen, dass diese Aufklärung nicht immer nur eine Aufklärung der Feindlage sein wird, sondern oft auch eine Aufklärung der eigenen Situation, dann, wenn die übrigen Verbindungen abgerissen sind und keine Klarheit über die Lage besteht. Diese Aufklärung muss imstande sein, die eigene Lage festzustellen, selbst für den Fall, dass der Feind sich diesem Vorhaben entgegenstellt. Der Einsatz von Panzerwagen zur Aufklärung kommt viel mehr dort in Frage, wo der Feind selbst Bewegungsfreiheit hat und seine neuzeitlichen Kampfmittel zum Einsatz bringen, also dort, wo er rasch handeln kann. Überdies werden Panzerwagen aber auch dort zur Aufklärung eingesetzt werden müssen, wo die übrigen Aufklärungsmittel wegen feindlicher Waffenwirkung nicht weiter vorgehen. Es wird sich für die Panzerwagen bei der Erfüllung ihrer Aufgabe nicht nur darum handeln, feindlichen Widerstand zu brechen, sondern sie werden im Stande sein müssen, beim Zusammentreffen mit feindlicher Aufklärung wenigstens im ersten Augenblick kämpfen zu können.

(Allgemeine Rüstungsfragen bei der Panzer Truppe – Die Verwendung des Panzerwagens in unserer Armee, 10. September 1937)

Vorführung Panzerwagen 34, im Raume Luzern, 1937. (Archiv Martin Haudenschild)

Panzerjäger G13 der Rekrutenschule auf dem ersten Panzer-Truppenübungsplatz, Pfynwald, Wallis, 1951. (Archiv Christine Hug)

Panzerjäger G13 (1947)

Auf dem Gebiete der Panzerabwehr wurden zwar in den letzten Jahren des Aktivdienstes beträchtliche Fortschritte erzielt, doch gilt es hier vor allem, mit der Entwicklung der Panzerwaffe fremder Armeen Schritt zu halten. Es wird sich weniger darum handeln, in der Schweiz selber Panzer im Wettlauf mit dem Ausland herzustellen, als die geeigneten Panzerabwehrwaffen zu schaffen. Während das Problem der Nahabwehr von Panzern zurzeit genügend berücksichtigt scheint, muss auch für die Panzerabwehr auf große Distanz durch Waffen mit hoher Durchschlagskraft die Lösung gefunden werden. Die Panzerwurfgranate hat sich für die Nahbekämpfung als ein sehr wirksames Mittel erwiesen. Daneben wird aber auch in Zukunft und gerade an Brennpunkten der Kampfhandlungen die Panzerabwehr auf große Entfernung wichtig sein.

Es ergibt sich für uns die Notwendigkeit, für die Leichten Brigaden und die Feldheereseinheiten eine Anzahl Panzerjäger anzuschaffen. Gegenwärtig ist ein Versuch mit 100 Panzerjägern in Behandlung, die zu günstigen Bedingungen aus ausländischem Heeresgut übernommen werden können.

(Bericht des Bundesrates an die Bundesversammlung zum Bericht des Generals über den Aktivdienst 1939–1945, vom 7. Januar 1947)

Unsere Panzerwagen, Modell 1939, sind veraltet und abgenützt. Aus finanziellen Gründen wird es uns nicht möglich sein, eine große Anzahl Panzerwagen zu halten oder gar eine besondere, allen Anforderungen entsprechende Panzertruppe aufzustellen. Um so dringender erscheint deshalb für uns das Problem der Panzerabwehr. Die in der Organisation unserer Panzerabwehr bestehende Lücke konnte vor kurzem einigermaßen geschlossen werden, indem es möglich war, zu günstigen Bedingungen eine größere Anzahl Panzerjäger zu beschaffen. Es handelt sich dabei um gepanzerte, geländegängige Selbstfahrgeschütze. Die Versuche haben gezeigt, dass sich dieses Geschütz für unsere Verhältnisse sehr gut eignet und dass es technisch unseren Möglichkeiten bezüglich Ausbildung und Unterhalt entspricht. (Botschaft des Bundesrates betreffend die Abänderung des Beschlusses der Bundesversammlung betreffend die Organisation des Heeres, vom 2. Juli 1948).

Panzer 57 Centurion vor dem Umbau zum Panzer 57/60, Waffenplatz Thun, Mai 1962. (Archiv Stiftung HAM)

Leichter Panzer 51 (1951)

Es ist davon auszugehen, dass unsere Armee heute, abgesehen von den Panzerjägern G13 und der beschränkten Einsatzmöglichkeit unserer Artillerie gegen Panzer sowie neben unserer mit Panzerraketen ausgerüsteten Flugwaffe, über keine weittragenden Panzerabwehrwaffen verfügt. Diese Lücke in der Panzerabwehr kann nur mit panzerbrechenden Kanonen geschlossen werden. Die neuen der Truppe abgegebenen Panzerabwehrwaffen mit Ausnahme des Geschützes des Panzerjägers G 13 beruhen auf dem Prinzip der Hohlladung.

Auf kurze Distanzen durchschlagen sie Panzerplatten von beträchtlicher Dicke und weisen genügende Treffsicherheit auf. Ihre Wirkung kann aber durch sogenannte Panzerschürzen oder Überzüge stark herabgemindert werden. Panzerabwehrgeschosse mit Hohlladungen können noch nicht mit großen Fluggeschwindigkeiten verschossen werden. Ihre Verwendung auf große Distanzen ist daher zur Zeit nicht möglich. Es ist aus diesen Gründen notwendig, weitere Panzerabwehrkanonen mit Vollgeschossen einzuführen.

In der Reihenfolge ihrer Wichtigkeit muss der zu beschaffende Panzerwagen folgende Bedingungen erfüllen. Er muss:

a. eine Panzerabwehrwaffe mit großer Durchschlagskraft und Treffsicherheit auf große Distanzen besitzen;

b. große Beweglichkeit im Gelände und rasche Verschiebungsmöglichkeit auf den Straßen auf weisen;

c. größtmöglichen Schutz der Panzerbesatzung gegen das feindliche Feuer bieten. Zum mindesten muss die Bedienungsmannschaft vor Artilleriesplittern und Infanteriegeschossen geschützt sein.

Im Rahmen der schweizerischen Armee müssen Panzerwagen in der Hauptsache folgende Aufgaben lösen können:

1. wirksame Panzerabwehr auf Distanzen bis zu 1000 Metern und mehr. Das bedeutet, dass die Panzer über eine Panzerabwehrkanone verfügen müssen, welche über die Wirkungsdistanz der übrigen Panzerabwehrwaffen der Infanterie und der Leichten Truppen hinaus große Treffsicherheit und gute Durchschlagsleistungen aufweist;
2. direkte Begleitung der Fußtruppen, vor allem an Brennpunkten des Kampfes, sei es zur Verhinderung eines feindlichen Durchbruchs oder zur Inbesitznahme wichtiger Punkte. Der Panzerwagen muss

Panzer 58 Prototyp bei einer Vorführung, Waffenplatz Thun, September 1958. (Archiv Stiftung HAM)

die Bewegungen der Kampftruppe von Geländeabschnitt zu Geländeabschnitt begleiten und eine direkte Unterstützung durch rasches und direktes Feuer mit Kanonen gewähren können. Da er sich dabei dem feindlichen Feuer wird aussetzen müssen, ist eine Panzerung unerlässlich;

3. rasche und wirkungsvolle Bekämpfung von Fallschirmtruppen und Luftlandetruppen. Das setzt Raschheit und große Beweglichkeit voraus.

Auch nach der Beschlussfassung der eidgenössischen Räte über das Rüstungsprogramm wurden die großen Anstrengungen, um Panzerwagen beschaffen zu können, mit allem Nachdruck fortgesetzt. Eine Eigenfabrikation wird dadurch erschwert, dass die Panzerplatten im Ausland erworben werden müssten und dass mit Lieferfristen von mehreren Jahren und begrenzten monatlichen Produktionsziffern zu rechnen wäre. Für die rasche Beschaffung einer ersten Serie von Panzerwagen kommt die Fabrikation im Inland daher nicht in Frage.

Leider ist es bisher nicht gelungen, schwere Panzer zu beschaffen. Es liegt heute einzig eine Offerte für einen leichten französischen Panzerwagen vor, der innert nützlicher Frist in genügender Anzahl geliefert werden kann. Die Bemühungen, stark gepanzerte Waffen zu erhalten, werden fortgesetzt. Es bestehen berechtigte Hoffnungen, dass es mit der Zeit doch noch möglich sein wird, solche Waffen zu erhalten.

Der Leichtpanzer AMX-13 ist fertig entwickelt und steht in Serienfabrikation. Es handelt sich um ein Raupenfahrzeug mit einer sehr leistungsfähigen 7,5-cm-Panzerkanone. Diese weist eine Durchschlagsleistung auf, die den Panzerleistungen der bisher bekannten schweren Panzer nicht wesentlich nachsteht. Der AMX-13 weist einen starken Motor auf. Das Verhältnis der Stärke des Motors zum Gewicht des Wagens ist viel günstiger als beim Panzerjäger G13 und ist besser als bei allen bisher serienmäßig hergestellten schweren Panzern. Außerdem zeichnet er sich durch große. Beweglichkeit und eine günstige Silhouette aus. Er ist tief gebaut und hat eine vorteilhafte Form. Es handelt sich um einen Leichtpanzer, dessen Panzerung als Schutz gegen Artilleriesplitter und Infanteriegeschosse genügt. Das Geschütz befindet sich in einem Drehturm. Dadurch wird die Raschheit des Einsatzes wesentlich gehoben. Der AMX-13 wiegt nur 13 t. Die Abmessungen des AMX-13 entsprechen ziemlich genau denjenigen des G 13. Die maximale Geschwindigkeit ist beim AMX-13 ungefähr doppelt so groß wie beim G13.

(Botschaft des Bundesrates an die Bundesversammlung über die Beschaffung von Panzern, vom 23. Oktober 1951)

Panzer 55 (1955)

In der Botschaft vom 29. Oktober 1954 wurde auf die Vorteile der stärkeren Panzerung eines mittelschweren Panzers gegenüber der ungepanzerten Panzerabwehrwaffe und dem leichten Panzer hingewiesen. Der Einwand, es genüge eine bloß gegen Infanteriegeschosse und Artil-

Panzer 61 AA8 der Rekrutenschule, Waffenplatz Thun, April 1980. (Archiv Stiftung HAM)

leriesplitter schützende Panzerung, weil die modernen Panzerabwehrwaffen sämtliche Panzerungen durchschlagen können, ist nur teilweise zutreffend. Mit den neuen Hohlgeschossen können zwar Durchschüsse bei den dicksten Panzerungen der bekannten Panzer auch bei verhältnismäßig flachem Auftreffen erzielt werden, wobei allerdings nicht alle Stellen gleich verletzlich sind. Die besonders empfindlichen Partien des Panzers sind meistens durch Schürzen geschützt. Man darf daher nicht erwarten, dass mit jedem Treffer die Panzerung durchschlagen wird. Ebenso wenig wird mit jedem abgegebenen Schuss ein Treffer erzielt. Dies gilt in noch vermehrtem Maße im Kriege. Die Panzerung der leichten Panzer wird im Falle eines Treffers von den meisten Geschossen (Hohlgeschosse, Panzergeschosse, Artillerie- oder Fliegergeschosse) durchschlagen. Die Fähigkeit, Treffer aller Art ohne schweren Schaden auszuhalten, ist beim mittelschweren Panzer bedeutend größer als beim leichten Panzerwagen.

Zur oft gehörten Auffassung, der geringere Panzerschutz des leichten Panzers müsse durch eine größere Beweglichkeit ausgeglichen werden, ist in erster Linie in Betracht zu ziehen, dass vor allem die Beweglichkeit im Gelände von Bedeutung ist. Die Geschwindigkeit auf der Straße spielt nur eine untergeordnete Rolle. Ferner ist festzuhalten, dass der Kampf des Panzers gegen Panzer oder Panzerabwehrwaffen nur selten vom Panzer in der Bewegung geführt wird. Dieser muss anhalten, um mit einem Maximum an Treffgenauigkeit schießen zu können. Schließlich hat die große Feuergeschwindigkeit der modernen Panzer zur Folge, dass der Kampf bis zur Außergefechtssetzung der einen oder der anderen Waffe meistens nur sehr kurz ist. Während dieser kurzen Zeitspanne hat der mit einer besseren Waffe ausgerüstete Panzer mehr Aussicht, diesen Zweikampf zu seinen Gunsten zu entscheiden. In dieser Beziehung ist der mittelschwere Panzer dem leichten Wagen überlegen.

In letzter Zeit ist bei uns wie im Auslande die Meinung vertreten worden, der mittelschwere und der schwere Panzer seien infolge des Auftretens der taktischen Atomwaffen und der immer wirkungsvolleren Panzerabwehrmittel (z. B. ferngelenkte Geschosse) überholt. In einem in naher Zukunft ausbrechenden Krieg muss bestimmt mit dem Einsatz von Panzern gerechnet werden; denn die Großstaaten verfügen gegenwärtig über eine große Zahl von mittelschweren Panzern und erhöhen deren Bestand ständig. Auch kleinere Staaten erwerben weiterhin moderne mittelschwere Panzer der heute vorhandenen Modelle. Für uns handelt es sich jetzt darum, solche Panzer mit ebenbürtigen Panzern wirksam bekämpfen zu können und die bestehenden Lücken in unserer Panzerabwehr raschmöglichst zu schließen. Unsere eigene Entwicklung eines schweizerischen Panzerwagens darf nicht abgewartet werden.

Die voraussichtliche Verwendung der taktischen Atomwaffen auf dem Schlachtfeld hat für uns zur Folge, dass wir unsere Truppen und insbesondere die Reserven sehr stark auflockern müssen, damit sie kein lohnendes Ziel für einen Atomwaffeneinsatz bieten und um die Verluste auf ein Mindestmaß herabzusetzen. Die Reserven müssen beweglicher sein, um zeitgerecht die vergrößerten Distanzen bis zu ihrem Einsatzort für die Abriegelung eines feindlichen Einbruches oder für die Ausführung eines Gegenangriffes zurücklegen zu können. Dadurch wird die Zuteilung beweglicherer Panzerabwehrmittel, insbesondere von Panzern, notwendig, welche allein sich unter dem feindlichen Feuer mit genügender Raschheit bewegen und der im Kampfe stehenden Infanterie sofort den notwendigen Feuerschutz bieten können.

Um sich den Wirkungen von Atomwaffen zu entziehen, muss sich die Truppe durch Eingraben schützen; einen guten Schutz bieten ihr auch die Bunker. Es wurde festgestellt, dass der Panzer dank seiner Panzerung seine Bedienungsmannschaft gut gegen die Primärwirkungen von Atomwaffen schützt, wobei der Schutz mit zunehmender Panzerdicke immer besser wird. Der Panzer kann nach einer Atomexplosion radioaktivverseuchtes Gelände rascher durchqueren und länger darin verweilen als ungeschützte Mannschaften. Bei längerem Aufenthalt in solchem Gelände schützt der mittelschwere Panzer auch besser gegen die sekundäre radioaktive Strahlung als der leichte Panzerwagen.

Die Gründe für die Wahl des »Centurion III« sind schon in der Botschaft vom 29. Oktober 1954 dargelegt worden. Wir stützen uns in der Modellfrage auf den Bericht der Panzerbeschaffungskommission, welche zum Schluss gelangte, der Centurion sei ein für unsere Bedürfnisse sehr geeigneter und moderner Panzer. Die im In- und Ausland geäußerte Kritik, der Centurion sei veraltetes Kriegsgerät, ist unbegründet. Er ist ein Nachkriegspanzer. Die ersten Studien gehen auf das Jahr 1945 zurück und seine Serienfabrikation wurde im Jahre 1948 aufgenommen. Seit 2–3 Jahren werden die Armeen der verschiedensten Staaten mit dem Centurion III ausgerüstet, soweit sie nicht bereits über diesen Wagen verfügen, so diejenigen von Kanada, Australien, Neuseeland, Holland und Dänemark. Schweden hat zusätzlich zu den 80 Stück, welche es schon erworben hatte, eine weitere Bestellung von 100 Cen-

Panzer 87 Leopard WE, Waffenplatz Thun. (VBS/DDPS)

Panzer 87 Leopard WE, Waffenplatz Thun. (VBS/DDPS)

turion aufgegeben. Die USA haben für die Aufrüstung von Staaten, denen sie Kriegsmaterial liefern, ebenfalls Centurion-Panzer in England bestellt. Es ist kaum anzunehmen, dass weiterhin Bestellungen aufgegeben würden, wenn es sich um ein veraltetes Modell handeln würde. Es trifft zu, dass in Deutschland, das für die Ausrüstung seiner ersten Verbände den Centurion ebenfalls vorsieht, Einwände gegen dieses Modell erhoben worden sind. Es ist möglich, dass diese Opposition darauf zurückzuführen ist, dass man sich fragt, ob die ersten Divisionen der neuen deutschen Armee mit diesem schon vorhandenen Panzertyp oder mit noch moderneren Panzern ausgerüstet werden sollen. Die maßgebenden deutschen Stellen haben sich jedoch deutlich zugunsten der Einführung einer heute bereits bewährten Bewaffnung (Centurion) ausgesprochen.
Es ist festzustellen, dass der Centurion ein für unsere Verhältnisse gut geeigneter Panzer ist. Von den heute vorhandenen Modellen mittelschwerer Panzer hat selbstverständlich jedes seine Vor- und Nachteile. Der Centurion weist jedoch von den erhältlichen Wagen für uns am meisten Vorteile auf. Sein Preis ist, verglichen mit anderen mittelschweren Panzern, sehr vorteilhaft.
(Bericht des Bundesrates an die Bundesversammlung betreffend Vermehrung der Panzerabwehrwaffen und Beschaffung von Panzern sowie über die Mehrkosten des Rüstungsprogramms, vom 18. Februar 1955)

Panzer 61 (1961)

Um Ihrem Entscheid in Bezug auf die Armeereform in keiner Weise vorzugreifen, haben wir uns in unserer Botschaft vom 19. Juli 1960 (BB1 1960, II, 514) über die Beschaffung von Panzern damit begnügt, vorläufig nur einen Kredit von 66 Millionen Franken zur Umrüstung von 2 Panzerjägerabteilungen mit den aus der Südafrikanischen Union zu beschaffenden Panzern vom Typ Centurion zu verlangen. Sie haben mit Bundesbeschluss vom 5. Oktober 1960 diesem Begehren entsprochen. Nachdem Sie nun mit Bundesbeschluss vom 20. Dezember 1960 betreffend die Organisation des Heeres (Truppenordnung) der Aufstellung von 2 neuen Panzerabteilungen, die zusammen mit den heute bestehenden 4 Panzerabteilungen zur Bildung der 3 mechanisierten Divisionen herangezogen werden sollen, zugestimmt haben, erachten wir ein anderes Vorgehen als richtig. Es erscheint uns als zweckmäßiger, die Panzerjäger durch den schweizerischen Panzer zu ersetzen und mit den aus der Südafrikanischen Union zu erwerbenden Panzer vom Typ Centurion die beiden zusätzlich benötigten Panzerabteilungen auszurüsten. Wir haben auf diese Möglichkeit bereits in unserer Botschaft vom 19. Juli 1960 über die Beschaffung von Panzern hingewiesen.

Die seit den Bundesbeschlüssen vom 25. März 1955 betreffend Vermehrung der Panzerabwehrwaffen und Beschaffung von Panzern sowie über die Mehrkosten des Rüstungsprogramms und vom 26. September 1957 (BB1 1957, II, 665) betreffend die Beschaffung von Kriegsmaterial (Rüstungsprogramm 1957) im Ausland bezüglich Bau und Bewaffnung von Panzerkampfwagen befolgte Tendenz lässt deutlich erkennen, dass man überall bestrebt ist, durch den Einbau von Kanonen des Kalibers 10,5 cm eine größere Leistung zu erzielen. Durch Studien und Versuche wurde festgestellt, dass sich der Übergang vom Kaliber 8,4 cm auf das Kaliber 10,5 cm ohne wesentliche Änderungen sowohl am Centurionpanzer als auch am Schweizer Panzer 58 durchführen lässt. Es kann mit dieser Umbewaffnung je nach Auftreffwinkel eine verbesserte Panzerleistung von 10–40 Prozent, im Mittel ca. 20 Prozent, erreicht werden. Wir pflichten daher der Auffassung des Eidgenössischen Militärdepartementes bei, dass ein Teil der mittelschweren Panzer Centurion umbewaffnet und die neu zu beschaffenden Schweizer Panzer als Modell 1961 (Pz 61) mit Kanonen des Kalibers 10,5 cm ausgerüstet werden soll.

(Botschaft des Bundesrates an die Bundesversammlung über die Beschaffung von Kriegsmaterial, vom 27. Januar 1961)

Panzer 68 (1968)

Mit der Truppenordnung 61 wurden die bereits bestehenden Panzerabteilungen vermehrt und zusammen mit je einem Motordragoner-Bataillon in die neu geschaffenen Panzerregimenter eingegliedert. Diese Organisation wies damit im Panzerregiment nebeneinander ein gepanzertes und ein ungepanzertes Bataillon auf; das Material für eine Vollmechanisierung der Regimenter fehlte. Die Revision 1964 der Truppenordnung 61 brachte – bei unveränderter Regimentsgliederung – vorerst

Schützenpanzer 63/73, eine Gruppe Panzergrenadiere sitzt ab und nimmt den Feuerkampf auf. (VBS/DDPS)

Schützenpanzer 2000 (CV9030). (VBS/DDPS)

die Ausrüstung der Motordragoner mit Schützenpanzern. Der Nachteil der Zusammensetzung des Panzerregiments aus zwei ungleichen Elementen blieb bestehen. Dies führte dazu, dass die Bataillone für das Gefecht umgegliedert werden müssen.

Mit Rücksicht auf den technischen Zustand der Panzerjäger G13 wurden seinerzeit die in Beschaffung stehenden Panzer 61 nicht, wie ursprünglich vorgesehen, als Ersatz der Panzerjäger den Felddivisionen, sondern gesamthaft einer Mechanisierten Division zugeteilt. Diese Maßnahme brachte – neben der Erhöhung der Beweglichkeit einer Mechanisierten Division – Vereinfachungen in der Ausbildung und beim Reparaturdienst mit sich. Die Panzerjägerbataillone der Felddivisionen blieben so bestehen; in die Mechanisierten Divisionen wurde je ein selbständiges Panzerbataillon eingegliedert, das zur Verstärkung der Panzerregimenter oder der Infanterie oder auch zum selbständigen Einsatz verwendet werden kann.

Die Beschaffung einer weiteren Serie von 170 Schweizerpanzern, die aus organisatorischen und fabrikatorischen Gründen mit der Beschaffung der Panzerhaubitzen M 109 eingeleitet werden sollte, würde es nun ermöglichen, einerseits die Organisation und Kampfkraft der Panzerregimenter und der selbständigen Panzerbataillone der Mechanisierten Divisionen wesentlich zu verbessern und anderseits den Felddivisionen an Stelle der veralteten Panzerjäger, die bis spätestens Mitte der Siebzigerjahre ersetzt werden müssen, Kampfpanzer zuzuteilen. Die modernen und beweglichen Panzer 68 würden einer Mechanisierten Division zugeführt, während die für die Infanterieunterstützung besonders geeigneten Centurion-Panzer den Felddivisionen zugeteilt werden könnten. Diese Lösung nimmt zudem Rücksicht auf die Notwendigkeit, die einzelnen Divisionen mit einem einheitlichen Kampfpanzertyp auszurüsten; sie wird Gegenstand einer späteren Revision der Truppenordnung 61 bilden.

In unserem Gelände erwiesen sich ausgeglichene mechanisierte Verbände, das heißt Bataillone, die über gleichviel Panzerkompagnien wie Panzergrenadierkompagnien verfügen, als zweckmäßig. Dies führt zur Forderung nach der Aufhebung der Verschiedenheit zwischen Panzer- und Panzergrenadierbataillonen und zur Bildung von fünf gleichartigen Panzerbataillonen pro Mechanisierte Division, an Stelle der heutigen drei verschiedenen Typen von mechanisierten Bataillonen. Die bisher im Panzergrenadierbataillon eingegliederte Panzerminenwerferkompagnie soll im Rahmen des Rüstungsprogramms 1968 II von 8,1 auf 12 cm Minenwerfer umbewaffnet werden. Die dermaßen bedeutend feuerkräftigeren Panzerminenwerferkompagnien würden den Regimentskommandanten direkt unterstellt.

In den Felddivisionen soll das Panzerjägerbataillon (G13), bestehend aus Stabskompagnie und drei Panzerjägerkompagnien, durch ein Panzerbataillon (Centurion) zu drei Panzer- und einer später noch aufzustellenden Panzergrenadierkompagnie ersetzt werden. Im Weiteren ist eine Reorganisation der Versorgungs- und Reparaturdienste der mechanisierten Verbände vorgesehen. Die heutige Aufteilung der Mittel auf die Einheits-, Bataillons- und Regimentsstufe hat sich sowohl für die Ausbildung als auch im Hinblick auf den Kampfeinsatz als umständlich erwiesen. Durch die Zusammenfassung aller Versorgungselemente in je einer Dienstkompagnie pro Bataillon und eine dadurch ermöglichte straffere Gliederung dieser Mittel lässt sich sowohl die Organisation der Ausbildung als auch die Führung der Versorgung wesentlich verbessern.

Die erste Serie Schweizerpanzer (Panzer 61) wurde Ende 1966 ausgeliefert. Die Truppe wurde auf das neue Material umgeschult. Die Panzer sind den entsprechenden Einheiten zugeteilt. Die Erfahrungen mit diesem Panzertyp sind sehr gut. Seine Beweglichkeit, Bewaffnung und technische Ausgestaltung haben sich im Truppeneinsatz bewährt und wesentlich zur Verstärkung der Schlagkraft der mechanisierten Verbände beigetragen.

Der Panzer 61 wurde in der Zwischenzeit auf Grund der Erfahrungen und neuen technischen Möglichkeiten weiterentwickelt. So soll er unter anderem eine Gummiraupe, einen Stabilisator und eine erhöhte Motorleistung erhalten. Zudem sind verschiedene kleine Verbesserungen an Richtmitteln und Aggregaten vorgesehen. Im Rahmen von Truppenversuchen wurden diese Verbesserungen erprobt; sie haben gute Resultate ergeben. Die zweite Serie des Schweizerpanzers soll diese Modifikationen einschließen, wobei er, wie bereits angedeutet, die Bezeichnung Panzer 68 erhalten soll.

(Botschaft des Bundesrates an die Bundesversammlung über die Beschaffung von Panzerhaubitzen M109 und Schweizerpanzern 68 sowie von weiterem Material für die mechanisierten Verbände, vom 21. Februar 1968)

Panzer 87 (1984)

Das militärische Bedürfnis für einen neuen Kampfpanzer ist wie folgt begründet:

- Gesteigerte Bedrohung durch die technische Entwicklung des Kriegsmaterials, insbesondere der Kampfpanzer und der übrigen mechanisierten Mittel eines potentiellen Gegners;
- Auftrag bzw. Einsatzkonzeption der Armee, d.h. die Führung des Abwehrkampfes mit statischen und mobilen Kräften;
- Ersatzbedürfnis wegen der Überalterung unserer Panzerbestände.

Unser Armeeleitbild geht davon aus, dass der Kampfpanzer über das Jahr 2000 hinaus das Gefechtsgeschehen bestimmen wird. Sein Einsatz dürfte im Verbund mit Kampfhelikoptern sowie starker Feuerunterstützung durch Artillerie und Flugwaffe künftig noch aufgewertet werden. Die Einführung eines neuen Kampfpanzers hat deshalb hohe Priorität.

Hauptaufgabe unserer mechanisierten Verbände im Rahmen der Abwehr ist es, Angriffsaktionen, hauptsächlich Gegenschläge, zu führen, um Einbrüche gegnerischer mechanisierter oder luftgelandeter Formationen zu bekämpfen. Dabei ist der Panzer Hauptträger des Kampfes. Ihm fällt primär die Aufgabe zu, die gegnerischen Kampf- und Schützenpanzer zu vernichten.

Da unser neuer Kampfpanzer vor allem in solchen Angriffsaktionen eingesetzt wird, kann er sich nicht auf den Kampf aus vorbereiteten, gut getarnten Feuerstellungen beschränken, die ihm die Überraschung des Gegners ermöglichen und teilweise Schutz gegen Beschuss bieten würden. Er muss sich den gegnerischen Angriffsverbänden auch im Begegnungsgefecht, aus der Fahrt, stellen können. Seine Leistungen müssen deshalb denjenigen der gegnerischen Kampfpanzer zumindest ebenbürtig sein.

Das große Leistungsgefälle zwischen unseren heutigen Panzern und denen der neuen Generation kann durch Kampfwertsteigerungen nicht mehr ausgeglichen werden. Der neu zu beschaffende Kampfpanzer wird deshalb innerhalb unserer Armee eine Rückgratfunktion übernehmen müssen. Zur Neuausrüstung der Panzerbataillone der Mechanisierten Divisionen werden insgesamt 420 neue Kampfpanzer benötigt. Aus finanziellen Gründen muss ihre Beschaffung und Eingliederung in Losen erfolgen und über mindestens zehn Jahre erstreckt werden.

Das mit dieser Botschaft beantragte erste Los umfasst 210 Kampfpanzer. Von diesen sollen 35 mit möglichst kurzer Lieferfrist in der Bundesrepublik Deutschland gekauft werden, damit die Ausbildung sowie der Aufbau der Logistik frühzeitig beginnen können. Die restlichen 175 Panzer sollen im Inland mit einer Kadenz von etwa drei pro Monat in Lizenz hergestellt werden. Dies erlaubt, jährlich ein Panzerbataillon umzurüsten. Eine höhere Kadenz, die insgesamt eine kürzere Auslieferungsfrist ermöglichen würde, ist militärisch höchst erwünscht und auch für die Herstellung vorteilhaft.

(Botschaft über die Beschaffung von Rüstungsmaterial, vom 29. Februar 1984)

PROJEKT NEUER KAMPFPANZER (NKPZ)

Unter dem Projektnamen Neuer Kampfpanzer (NKPz) beauftragte die Gruppe für Rüstungsdienste (GRD) im Sommer 1978 die Firma Contraves AG mit der Übernahme der Generalunternehmerschaft für die Realisierung eines neuen Kampfpanzers, welcher die bestehende Panzer 68 Flotte ab Anfang der 1990er Jahre ablösen sollte. Obwohl der Panzer nie gebaut wurde, war das zukunftsweisende Konzept beim Projektabbruch im Dezember 1979 bereits weit fortgeschritten.

Entwicklung

Die Contraves AG als Generalunternehmerin erarbeitete auf Grundlage des militärischen Pflichtenheftes vom Dezember 1978 in enger Zusammenarbeit mit der Eidgenössischen Konstruktionswerkstätte Thun, der Eidgenössischen Waffenfabrik Bern, der Schweizerischen Lokomotiv- und Maschinenfabrik Winterthur, den Flug- und Fahrzeugwerken AG Altenrhein, der Adolph Saurer AG Arbon, der Georg Fischer AG Schaffhausen und der Werkzeugmaschinenfabrik Oerlikon-Bührle AG Zürich ein verbindliches Angebot zur Realisierung des NKPz und legte dieses Ende April 1979 der GRD vor.

Das Programm umfasste die Entwicklung von Prototypen (Phase A), die Seriereifmachung (Phase B), die Rüstungsbotschaft (Phase C) sowie die Serieherstellung (Phase D). Während der Phase A sollten sechs Prototypen entwickelt und gebaut werden. Prototyp 1 und 2 waren für die Industrie zur Durchführung von Versuchen und Erprobungen bestimmt und sollten bereits Anfang 1982 für Leistungsnachweise zur Verfügung stehen. Die Prototypen 3 bis 6 sollten dem Auftraggeber zwischen Dezember 1982 und März 1983 zulaufen. Der Erprobungsabschluss war auf Mitte 1984 terminiert.

Die Phase B war für die Vervollständigung und Überführung des technischen Dokumentensatzes, unter Berücksichtigung der Erprobungsresultate, vom Prototyp- in den Seriestand vorgesehen. Ein verbindliches Serieangebot mit den Seriespezifikationen war im März 1984 vorgesehen. Für die Ausarbeitung der Rüstungsbotschaft und Behandlung in den eidgenössischen Räten (Phase C) war eine Zeitspanne von 1 ½ Jahren geplant.

Schliesslich sollte die Seriefabrikation des NKPz aufgrund eines entsprechenden Parlamentsentscheides im Oktober 1985 beginnen. Die Auslieferung von 20 Panzern als Vorserie mit den zugehörigen Ausbildungs- und Reparaturmitteln sollte Mitte 1988 erfolgen. Durch die Vorserie sollten die mit der Hauptserieproduktion verbundenen Risiken herabgesetzt und eine letzte Qualifikation vor dem Start des Serienausstosses durchgeführt werden. Nach dem Einlaufen des Fabrikations- und Prüfprozesses sollte die Auslieferkadenz mit den zugehörigen Ersatz-, Reparatur- und Ausbildungsmitteln auf acht Panzer pro Monat gesteigert werden. Somit wären Ende 1990 mehr als 100 Panzer an die Truppe abgeliefert, die Auslieferung der kompletten Serie (450 Panzer) wäre im August 1994 abgeschlossen.

Die industrieseitigen Leistungen zur Prototypherstellung (Phase A, sechs Panzer) wurden mit einem verbindlichen Festpreis von 252 Millionen Franken offeriert, für die Seriereifmachung (Phase B) waren Aufwendungen von 47 Millionen Franken ermittelt worden, die Serieproduktion sollte sich auf 2,7 Milliarden Franken belaufen (450 Panzer zu 4,65 Millionen Franken, Reservematerial zu 420 Millionen Franken

Holzmodell

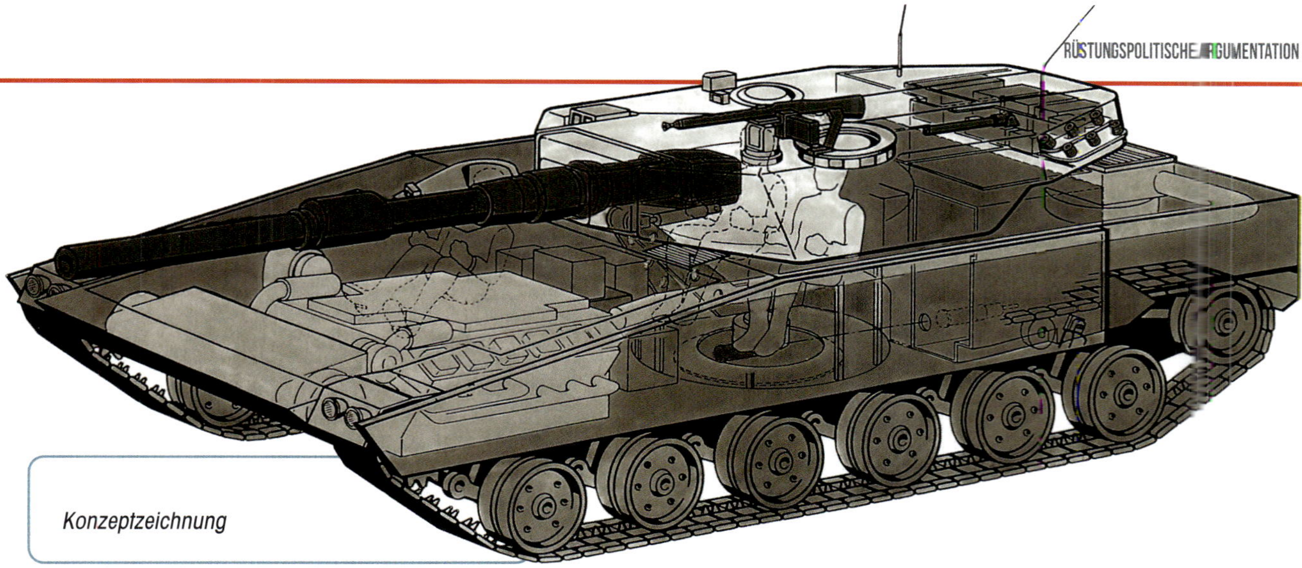

Konzeptzeichnung

NKPz		
	Wanne, Fahrwerk	Waffenanlage
	Turmgehäuse	Ladeautomat
	Antriebsgruppe, Rohre, Kühler	Feuerleitanlage
	Treibstofftanks	Sichtmittel

sowie Unterhalts- und Ausbildungsmittel zu 185 Millionen Franken). Die berechneten Gesamtkosten betrugen somit fast genau 3 Milliarden Franken, wobei für die Serie eine Unsicherheit von ±10% angegeben wurde. Das Risiko für den Auftraggeber war vergleichbar gering, da Contraves wesentliche technische und terminliche Abweichungen im Programmablauf als Kündigungsgrund für den Entwicklungsvertrag bzw. die Auslieferungstermine während der Serieproduktion mit Konventionalstrafbestimmungen akzeptiert hat.

Entwicklung und Prototypenbau sollten fast vollständig in schweizerischen Betrieben durchgeführt werden. Im Schwerpunkt der Entwicklung (1979 bis 1982) wären etwa 450 Mitarbeiter, über die gesamte Entwicklungszeit durchschnittlich etwa 350 Mitarbeiter am Projekt beschäftigt gewesen. In der Entwicklungsphase waren knapp 100 Firmen als Unterlieferanten vorgesehen, während der Serieproduktion sollte diese Zahl auf etwa 500 Unterlieferanten anwachsen – somit wären zwischen 1986 und 1994 fast 3000 Arbeitsplätze direkt und indirekt an das NKPz-Programm gekoppelt gewesen.

Im Vergleich mit einem Kauf oder einer Lizenzproduktion des Leopard 2 war der NKPz bei einer Stückzahl von 450 Fahrzeugen zwar die teuerste Option, allerdings wäre auch die Wertschöpfung im Inland mit Abstand am höchsten gewesen. Unter Berücksichtigung der Steuererträge wäre somit ein Kauf etwa 20% günstiger, die Lizenzproduktion des Leopard 2 lediglich 10% günstiger im Vergleich mit dem NKPz.

Ab einer Stückzahl von ungefähr 710 Fahrzeugen (z.B. durch Exporte oder Mehrbedarf der Schweizer Armee) wären die effektiven Kosten des NKPz sogar unter diejenigen der Lizenzproduktion Leopard 2 gefallen (Break-Even).

Technik

Der NKPz war eine völlig neue Konstruktion, basierend jedoch auf den Erkenntnissen, welche Industrie und Truppe mit dem Panzer 61/68 über fast zwei Jahrzehnte gesammelt hatte.

Die Fahrzeugbesatzung bestand aus dem Kommandanten (Führung des Fahrzeugs, Beobachtungs- und Feuerführung, Bedienung des Kuppel-Maschinengewehrs und Lyranwerfers), dem Richter (Zielbeobachtung und -bekämpfung) und dem Fahrer (Fahren des Fahrzeugs). Der Kommandant sitzt links, der Richter rechts neben der Hauptwaffe im Turm, der Fahrer sitzt rechts vorne in der Wanne.Turm- und Wannengehäuse waren – im Gegensatz zum Panzer 68 – als Schweisskonstruktion in Panzerstahl vorgesehen. Der Festigkeitsnachweis der Konstruktion war Anfang 1979 bereits mit Hilfe der Finite-Elemente-Berechnungsmethode erbracht worden. Die abnehmbaren Zusatzpanzerungen verstärken die Grundpanzerung und beinhalten aufgrund der Modularität bereits ein erhebliches Aufwuchspotential für zukünftige Kampfwertsteigerungen, die vorgesehenen Montage- und Wartungsöffnungen gewähren eine optimale Zugänglichkeit zu den Aggregaten.

Durch eine konsequente Abschottung einzelner Kompartimente und den Einbau des Triebwerks in der Wannenfront wird das Gehäuse zusätzlich versteift und die Besatzung vor der Sekundärwirkung eines Treffers geschützt.

Als Hauptwaffe ist die 12-cm-Glattrohrkanone von Rheinmetall (analog Leopard 2) vorgesehen. Ein Ladeautomat ersetzt den Lader und transportiert die im Heck der Fahrzeugwanne in zwei redundanten Bandmagazinen mit je 22 Schuss untergebrachte Munition über eine der Turm-

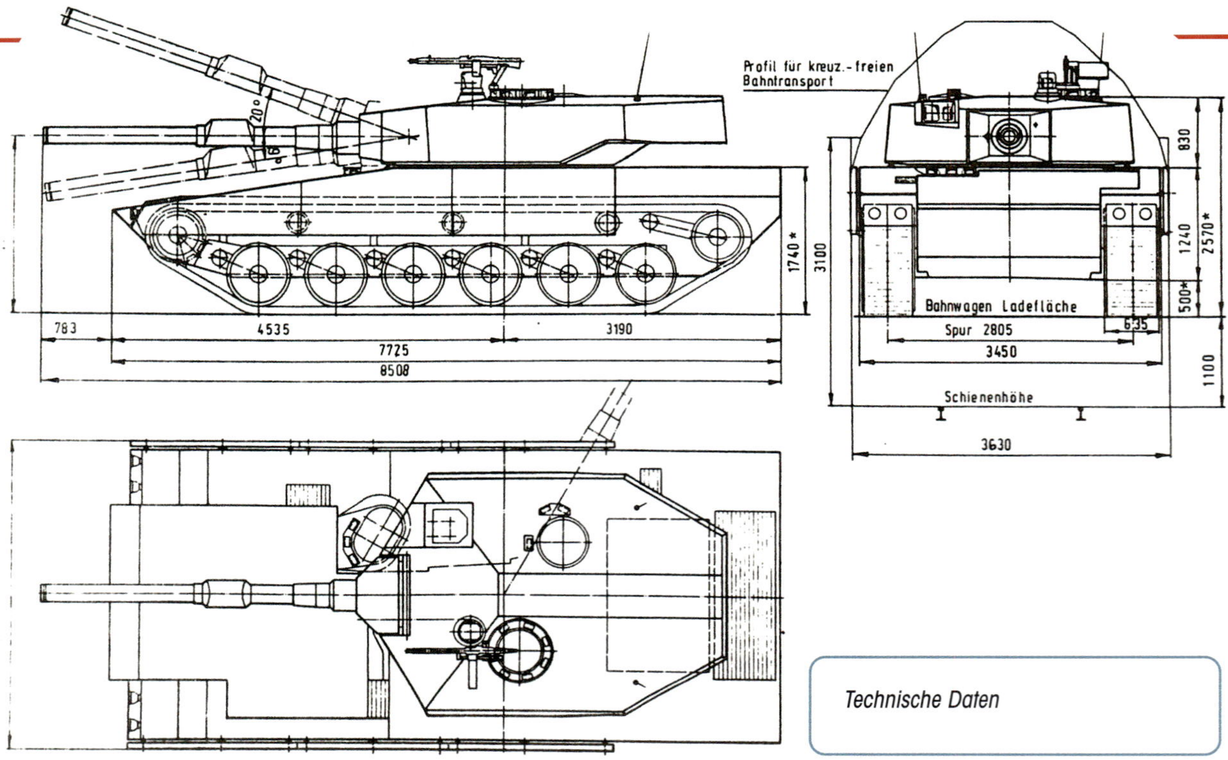

Technische Daten

Eigenentwicklung NKPz

Der Abbruch des Projektes im Dezember 1979 war aus Sicht der Schweizer Industrie sehr bedauerlich, weil die prognostizierten Mehrkosten eigentlich in keinem Verhältnis zum potentiellen Technologieaufwuchs bei einer Eigenentwicklung standen.

Die Armee bekam zwar 1987 mit dem Leopard 2 einen soliden, konservativen Kampfpanzer, aber eben nicht den spezifisch auf ihre Bedürfnisse massgeschneiderten modernen NKPz.

	Kosten (in Millionen Franken)		
	Kauf Leopard 2	Lizenzproduktion Leopard 2	Eigenentwicklung NKPz
450 Panzer	1'580 (3,5 pro Pz)	1'940 (4,3 pro Pz)	2'090 (4,65 pro Pz)
Reservematerial	300	400	420
Unterhalts- und Ausbildungsmaterial	250	250	185
Entwicklungsaufwand	0	0	300
Gesamttotal	2'130 (71%)	2'590* (86%)	2'995 (100%)
Wertschöpfung	0 (0%)	1'650 (63%)	2'840 (95%)
Geschätzter Steuerertrag	0	225	390
Effektive Kosten	2'130 (81%)	2'365 (91%)	2'605 (100%)

* die effektiven Kosten der 1984 gewählten Variante Lizenzproduktion Leopard 2 betrugen 3.3 Milliarden Franken für 380 Fahrzeuge.
Tabelle: Kostenvergleich Kauf, Lizenzproduktion und Eigenentwicklung

stellung nachfahrende Drehtellereinheit zu dem doppelt vorhandenen Ladebaum, der sie durch den Turmkorbboden hebt und der Waffe zuführt. Das unabhängig von der Turmstellung mögliche Nachladen des Drehteller-Zwischenmagazins aus dem Hauptmagazin stellt die notwendige Flexibilität bei der Munitionswahl und eine hohe Reaktionsgeschwindigkeit für den Folgeschuss sicher.

Als Sekundärbewaffnung dienen zwei 7,5-mm-Maschinengewehre (Bereitschaftsmunition 5'000 Schuss): ein rohrparalleles Maschinengewehr, welches durch den Richter bedient wird, und ein Kuppel-Maschinengewehr auf der Kommandantenluke, welche durch den Kommandanten bedient wird. Als Hilfsbewaffnung sind 2 x 6 Nebelwerfer seitlich am Turm sowie ein elevierbarer Lyranwerfer zur Gefechtsfeldbeleuchtung hinter der Kommandantenluke vorgesehen.

Die Feuerleitanlage besteht aus den Richtmitteln (zwei primär stabilisierte Periskope für Kommandant und Richter sowe ein in der Waffenblende eingebautes Hilfszielfernrohr), dem digitalen Feuerleitrechner

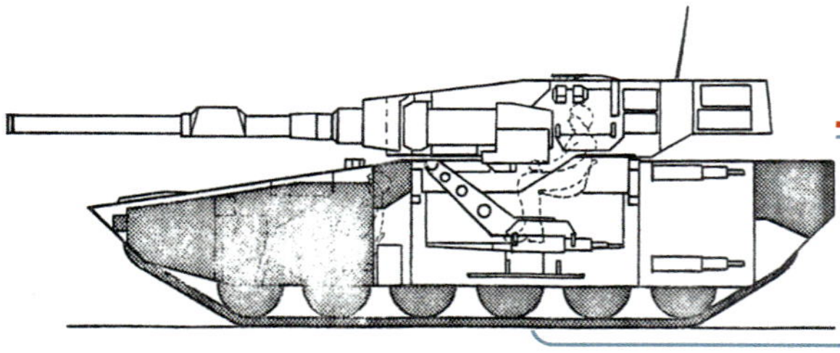

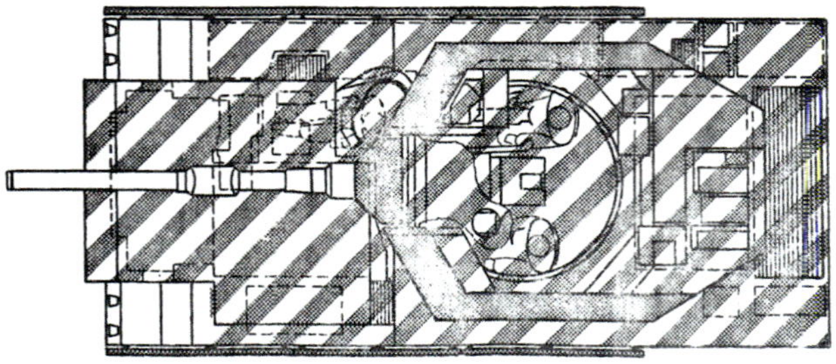

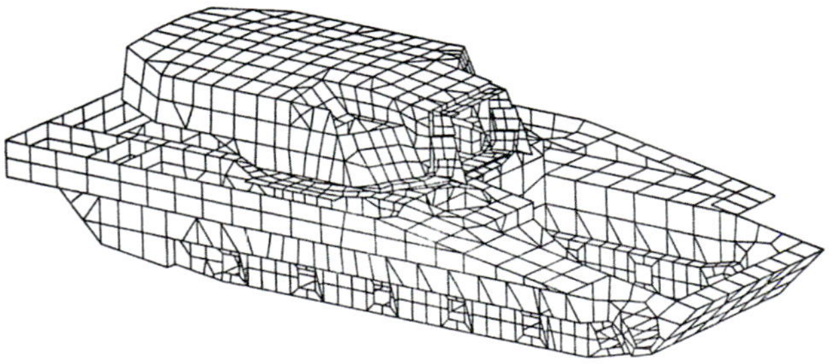

oben: Konzeptbild Fahrwerk
mitte: Konzeptbild Schutz
unten: Strukturmodell zur Finite-Elemente-Berechnung

Typ	Neuer Kampfpanzer (NKPz)
Generalunternehmer	Contraves AG, Zürich, Schweiz
Projektplanung	Vorserie ab Mitte 1988, Serie ab Anfang 1990
Besatzung	3
Gefechtsgewicht	50000 kg
Länge	8508 mm (Kanone 12 Uhr)
Breite	3630 mm (mit Schürzen) / 3450 ohne Schürzen)
Höhe	2570 mm (bei 500 mm Bodenfreiheit)
Bodenfreiheit	150 – 550 mm (einstellbar)
Federung	400 mm (Schluckvermögen)
Bodenbelastung	≤ 9 N/cm2
Motor	12-Zylinder-Turbodiesel
Leistung	1360 PS (27,2 PS/t)
Höchstgeschw.	68 km/h
Fahrbereich	300 km (Strasse)
Bewaffnung	1 x 12-cm-Glattrohrkanone (Rheinmetall L/44), mit Ladeautomat; 1 x 7,5-mm-Panzermaschinengwehr 51;1 x 7,5-mm-Kuppelmaschinengewehr 51; 2 x 6 Nebelwerfer; 1 x Lyranwerfer
Schutz	ABC Schutzanlage; Brandunterdrückungsanlage (Kampfraum, Munitionsraum); Feuerlöschanlage (Triebwerkraum); Panzerstahlstruktur mit abnehmbarer Zusatzpanzerung

(Feuerleitrechnung, Betriebsablaufsteuerung und automatische Systemüberprüfung), den Sensoren, der Waffennachführanlage (mit Vorstabilisierung, elektrohydraulische Höhen- und Seitenrichtantriebe, Notbetrieb über Handantrieb) sowie den Bedien- und Anzeigegeräten.
Letztere sind so ausgelegt, dass im Notfall ein Mann (Kommandant oder Richter) den Feuerkampf alleine führen kann. Zur Warnung vor gegnerischer Aufklärung bzw. Anstrahlung sind Laserwarnsensoren vorgesehen.
Das Triebwerk ist im Wannenbug angeordnet und besteht aus einem 1000 kW 12-Zylinder-4-Takt-Dieselmotor mit Abgasturboaufladung und Ladeluftkühlung sowie dem angeflanschten automatisch lastschaltbaren Fahr- und Lenkgetriebe (4 Vorwärts- und 4- Rückwärtsgänge, stufenlose hydrostatische Überlagerungslenkung und Wandler-Überbrückung). Ein zusätzlich eingebauter Hilfsmotor dient der Erzeugung der elektrischen Energie zum Betrieb des Waffensystems und ermöglicht aufgrund der geringen Geräuschentwicklung einen Dauerbetrieb sowie einen sparsamen und emissionsarmen Ausbildungsbetrieb. Die automatisch überwachte Luftfilteranlage besteht aus einem Zyklon-Grobstaubabscheider und einem Papier-Feinfilter. Die entstehende Abwärme des Triebwerks sowie des Hilfsmotors wird durch zwei im Fahrzeugheck installierten Blockkühlern mit hydrostatisch angetriebenen und thermostatisch geregelten Lüftern an die Aussenluft abgeführt.
Als Betriebsbremse dient eine Kombination aus Retarder (mit Wärme-

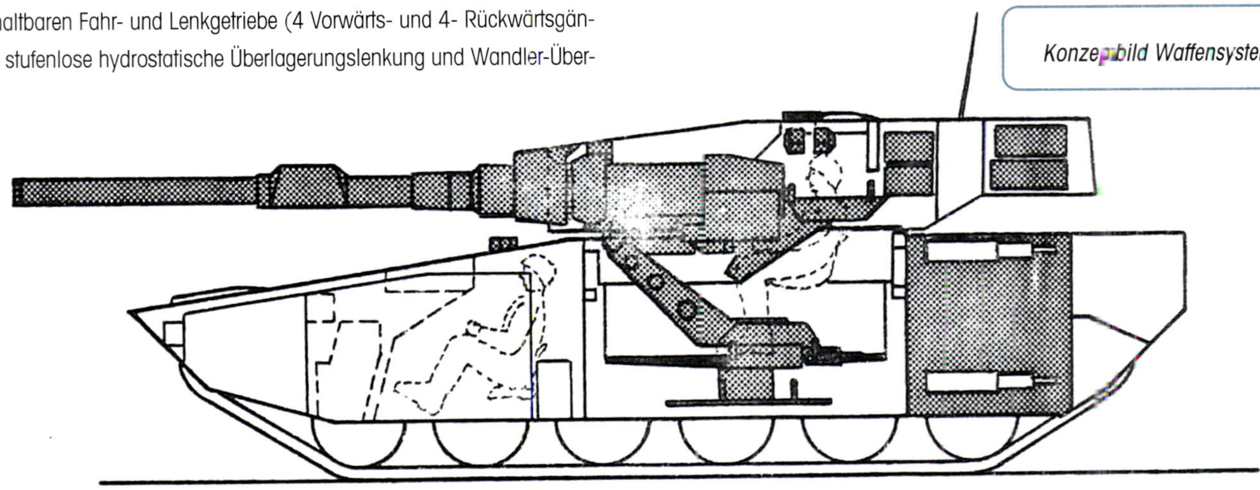

Konzeptbild Waffensystem

Familienfahrzeuge

NKPz

Waffenträger
Beispiel Panzerhaubitze

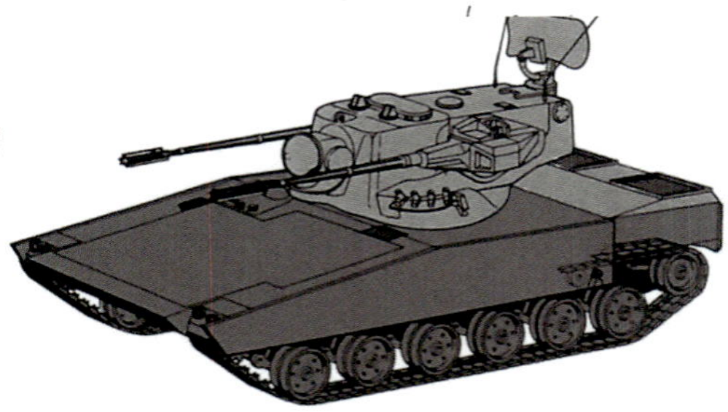

Waffenträger
Beispiel Flab-Panzer

Bergepanzer-Konzept 2

Waffenträger
Beispiel Flab-Panzer

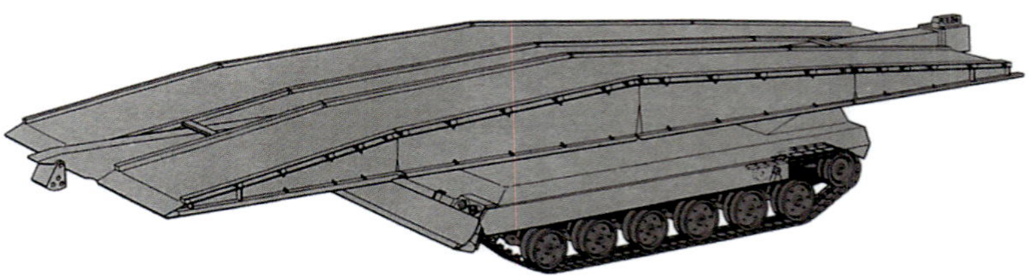

Brückenpanzer-Konzept 1

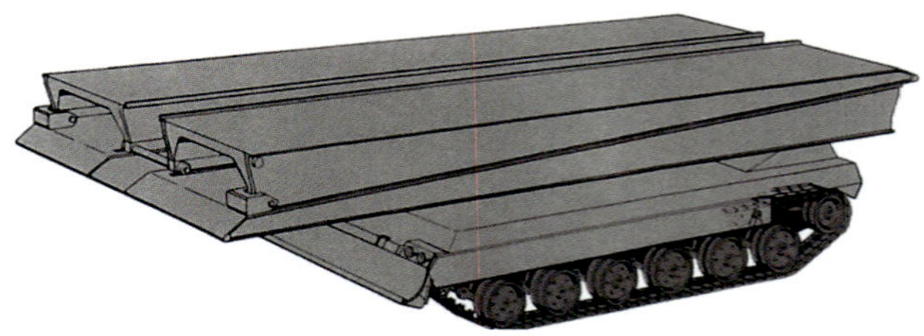

abführung über den Getriebeölkreislauf) und Scheibenbremse, die Scheibenbremse dient zudem als Feststellbremse.

Das Laufwerk besteht aus breiten Ketten, je 6 Doppellaufrollen pro Seite an gezogenen Schwingarmen, hydraulischen Kettenspannern, hydropneumatischen Federelementen und hydraulischen Stossdämpfern. Die Konstruktion erlaubt eine stufenlose Einstellung der Bodenfreiheit zwischen 150 und 550 mm. Im Vergleich mit einer konventionellen Drehstabfederung erhoffte man sich folgende Vorteile: höheres Arbeitsaufnahmevermögen (dadurch Einsparung eines Laufrollenpaares pro Seite), grösseres Schluckvermögen, bessere Nutzung des Wanneninnenraumes, weniger Sekundäreffekte bei einer Minenansprengung, einfacherer Austausch bei Beschädigungen und einfachere Optimierung der Fahreigenschaften.

Die ABC-Schutzanlage filtert und entgiftet die Frischluft im ABC-Fall und sorgt für den notwendigen Überdruck im Kampfraum. Zur Explosions- und Brandunterdrückung sind im Kampfraum, Munitionsraum und Triebwerksraum voneinander unabhängig arbeitende Halon-Löschanlagen eingebaut, deren Auslösung automatisch über Branddetektoren erfolgt. Die durch den Fahrer bediente Tiefwateinrichtung (Abschliessen der Aussenbordöffnungen, Abschalten der Lüfterkühler, Umschalten der Motoransaugluft auf Turmbetrieb) ermöglicht ein Tiefwaten bis 2,5 m.

Im Rahmen der Konzeption des NKPz wurde auch die Einführung von Familienfahrzeugen studiert. Die Tatsache, das der NKPz über einen Frontantrieb verfügt, ermöglicht die Übernahme des Fahrwerks und des Triebswerks ohne Änderungen auf andere Waffenträger und Unterstützungsfahrzeuge und resultiert damit in einer weitgehenden logistischen Gleichheit (vor allem praktisch alle Verschleissteile) unter den Familienfahrzeugen. Das Konzept sah folgende Familienfahrzeuge vor:

- Bergepanzer (2 Alternativen)
- Brückenpanzer (2 Alternativen)
- Waffenträger (z.B. Flugabwehrpanzer, Panzerhaubitze)

Einige der für den NKPz konzipierten Systeme wie das hydropneumatische Fahrwerk und die 12-cm-Glattrohrkanone wurden 1984 mit dem Panzer 68 ET (Erprobungsträger, M+0911) praktisch umgesetzt.

Schlussbemerkungen

Der politische Entscheid zum Abbruch des Projektes im Jahr 1979 war gleichzeitig der Anfang vom Ende einer eigenständigen Rüstungsindustrie, welche damit der Möglichkeit beraubt wurde zu beweisen, dass sie aus den Fehlern mit dem Panzer 61/68 gelernt hat und durchaus dazu

Projektplanung

NKPz, Gesamt - Programm

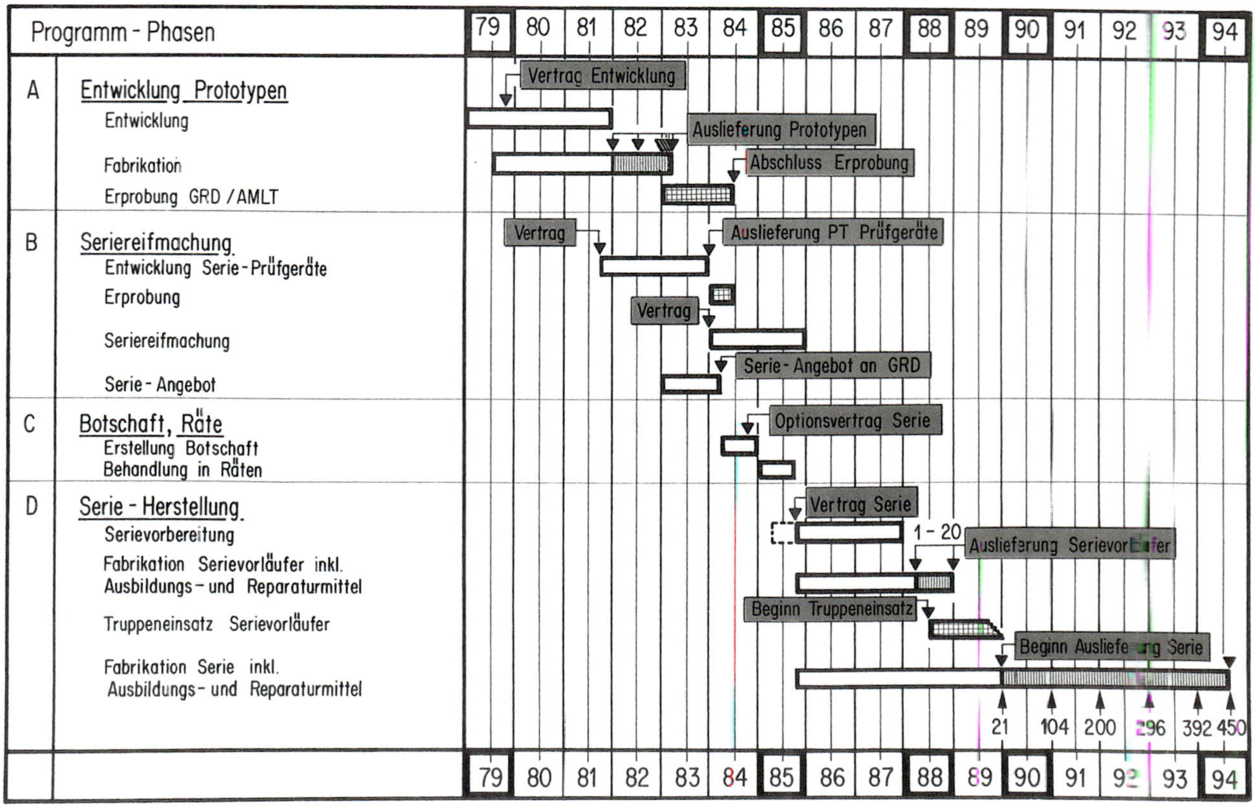

Geschätzte Belegung von Arbeitsplätzen Programm NKPz

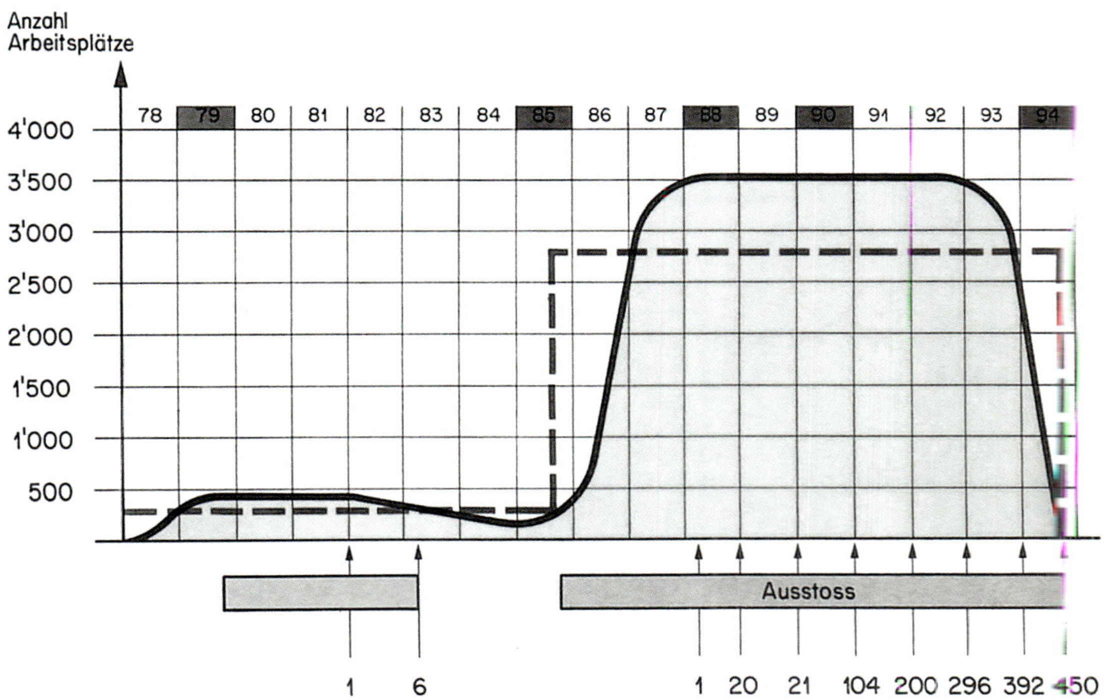

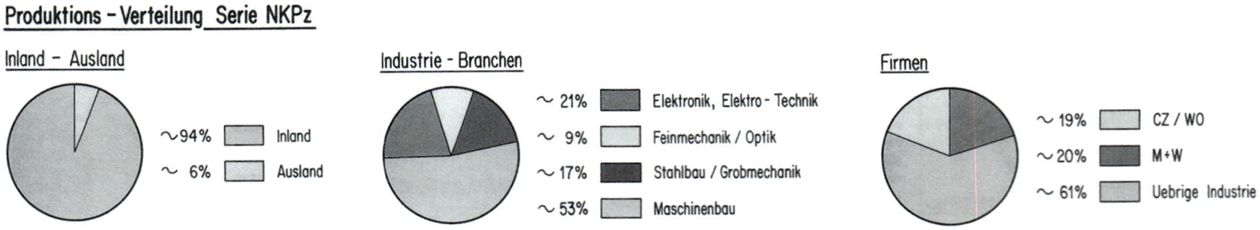

Geschätzte Belegung von Arbeitsplätzen

Erprobungsträger Panzer 68 (1984)

in der Lage ist, technisch mit den grossen Panzernationen mitzuhalten. Das dies mit dem entsprechenden politischen Willen möglich ist, hat Israel mit dem Merkava ein Jahr vorher eindrucksvoll unter Beweis gestellt – der Merkava Mark IV gehört heute zu den schlagkräftigsten Kampfpanzern der Welt.So aber bleibt der NKPz leider nur eine Randnotiz in der Geschichte der Schweizer Panzerfahrzeuge.

Quellen:

- Neuer Kampfpanzer der Schweiz NKPz, Technische Konzeption, Contraves, April 1979
- Neuer Kampfpanzer der Schweiz NKPz, Das Projekt und seine Bedeutung, Contraves, 25. Mai 1979
- Archiv für Zeitgeschichte (AfZ)

MOWAG PROTOTYPEN

Die Firma Mowag (bis 2004 Mowag Motorwagenfabrik AG, bis 31. März 2010 Mowag GmbH, seit 2010 General Dynamics European Land Systems – Mowag GmbH) entwickelte in ihrer Firmenge-schichte neben den sehr erfolgreichen Eagle- und Piranha-Familien auch verschiedene Prototypen für Ketten- und Radpanzer, die aber nie in die Serienproduktion gingen.

Schützenpanzer Mowag Pirat

Entwurfsjahr: 1960

Anzahl Prototypen: 11

Besatzung: 3 (Kommandant, Fahrer, Richter) + 9

Gefechtsgewicht: 18000 kg

Bewaffnung:

- 20-mm-Maschinenkanone (Oerlikon)
- 48-mm-Nebelwerfer

Schützenpanzer Mowag 3M1

Herstellungsjahr: 1966

Anzahl Prototypen: 6

Besatzung: 3 (Kommandant, Fahrer, Richter) + 8

Gefechtsgewicht: 24800 kg

Bewaffnung:

- 20-mm-Maschinenkanone Hispano-Suiza 820
- 7,62-mm-Maschinengewehr MG 3
- 7,6-cm-Nebelwerfer

Jagdpanzer Mowag Gepard

Entwurfsjahr: 1960

Anzahl Prototypen: 1

Besatzung: 4 (Kommandant, Fahrer, Richter, Lader)

Gefechtsgewicht: 24800 kg

Bewaffnung:

- 9,0-cm-Panzerabwehrkanone (10,5-cm optional)
- 7,62-mm-Maschinengewehr MG 3

Schützenpanzer Mowag Tornado

Entwurfsjahr: ab 1979

Anzahl Prototypen: 1

Besatzung: 3 (Kommandant, Fahrer, Richter) + 8

Gefechtsgewicht: 22300 kg

Bewaffnung Version 1979:

- 2 x 8,0-cm-Mehrfachraketenwerfer Oerlikon
  oder Bewaffnung Version 1980:
- 25-mm-Maschinenkanone Oerlikon KBA
- 7,62-mm-Maschinengewehr MG 3
- 7,6-cm-Nebelwerfer

Amphibischer Schützenpanzer Mowag Mistral

Anzahl Prototypen: 1

Gefechtsgewicht: 13500 kg

Schützenpanzer Mowag Trojan

Entwurfsjahr: 1990

Anzahl Prototypen: 1

Besatzung: 3 (Kommandant, Fahrer, Richter) + 6

Gefechtsgewicht: 25000 kg

Bewaffnung:

- 25-mm-Maschinenkanone Oerlikon KBA
- 7,62-mm-Maschinengewehr MG 3
- 7,6-cm-Nebelwerfer

Radpanzer Mowag Panzerattrappe

Entwurfsjahr: 1954

Anzahl: 240 (Serienfahrzeuge)

Besatzung: 3 (Fahrer, 2 Beifahrer)

Gefechtsgewicht: 5050 kg

Bewaffnung:

- Kanonenattrappe

Radpanzer Mowag Roland

Entwurfsjahr: 1963

Anzahl: > 500 (Serienfahrzeuge)

Besatzung: 2 (Kommandant, Fahrer) + 4

Gefechtsgewicht: 4500 kg

Bewaffnung:

- Scheinwerfer und Lautsprecher
- 7,62-mm- oder 12,7-mm-Maschinengewehr (optional)

Radpanzer Mowag Wotan (MR8-01)

Entwurfsjahr: 1964

Anzahl: 1 (deutsche Lizenzfertigung von 700 Fahrzeugen als Sonderwagen SW1 bzw SW2)

Besatzung: 2 (Kommandant, Fahrer) + 2

Gefechtsgewicht: 8500 kg

Bewaffnung:

- SW1 ohne Bewaffnung
- SW2 20-mm-Maschinenkanone, 7,62-mm-Maschinengewehr

Radpanzer Mowag Puma 6x6

Entwurfsjahr: 1966

Anzahl: 1

Besatzung: 3 (Kommandant, Fahrer, Richter) + 4

Gefechtsgewicht: 15000 kg

Bewaffnung:

- 20-mm-Maschinenkanone Hispanzo-Suiza 820
- 7,62-mm-Maschinengewehr MG 3
- 7,6-cm-Nebelwerfer

Schwerer Waffenträger Mowag Shark 8x8

Entwurfsjahr: 1981

Anzahl: 3

Besatzung: 3 oder 4 (Kommandant, Fahrer, Richter, Lader)

Gefechtsgewicht: 22000 kg

Bewaffnung:

- 10,5-cm-Panzerkanone oder
- 35-mm-Maschinenkanone oder
- 30-mm-Zwillings-Flugabwehrkanone oder
- ADATS (Air-Defense and Anti-Tank System)
- 7,62-mm-Maschinengewehr

Radpanzer Mowag Spy

Entwurfsjahr: 1987

Anzahl: 1

Besatzung: 3 (Kommandant, Fahrer, Spezialist)

Gefechtsgewicht: 7700 kg

Bewaffnung:

- 7,62-mm-Maschinengewehr FN

Studie Neuer Schützenpanzer (NSpz)

Entwurfsjahr: 1987

Anzahl Prototypen: Holzmodell

Besatzung: 3 (Kommandant, Fahrer, Richter) + 6

Gefechtsgewicht: 20000 kg

Bewaffnung:

- 25-mm-Maschinenkanone MK25
- 7,5-mm-Maschinengewehr

SAURER PROTOTYPEN

Die Firma Saurer war vor allem auf den Lastwagen- und Nutzfahrzeugbau spezialisiert und produ-zierte die noch heute bei der Armee im Einsatz stehenden Saurer 6DM und 10DM. Als Konkurrenz-produkt zum Mowag Pirat und zum M113 bei der Ausschreibung um den Schützenpanzer für die Armee baute Saurer den Schützenpanzer Tartaruga – das erste und letzte Panzerfahrzeug von Saurer.

Schützenpanzer Tartaruga

Entwurfsjahr: 1959

Anzahl: 1

Besatzung: 3 (Kommandant, Fahrer, Richter) + 9

Gefechtsgewicht: 18200 kg

Bewaffnung:

- 20-mm-Maschinenkanone (Oerlikon)

JAGDPANZER TAIFUN II

Entstehung

Ende der 1970er-Jahre befasste sich die Schweizer Rüstungslandschaft intensiv mit Fragen der Panzerabwehr. Die Erfahrungen mit dem Panzer 68, dessen technische Probleme politische Debatten auslösten, verstärkten das Interesse an alternativen Konzepten. Gleichzeitig zeichnete sich ab, dass der leichte Panzer 51 (AMX-13) seinem Lebensende entgegenging. In dieser Phase arbeitete die Firma Mowag an einem eigenen Konzept für einen modernen Jagdpanzer in Kasemattbauweise, das intern den Namen Taifun erhielt. Als Basis diente der Prototyp eines älteren Schützenpanzers, der firmenintern Tornado hieß. Die Entwicklung sah ein Fahrzeug vor, das mit hoher Feuerkraft, sehr niedriger Silhouette und vergleichsweise günstiger Herstellung eine Nische besetzen sollte, die traditionelle Kampfpanzer nicht abdeckten.

Mowag finanzierte das Projekt vollständig aus eigenen Mitteln. Der Taifun zielte primär auf die Schweizer Armee, gleichzeitig stand aber auch die Option internationaler Vermarktung offen. Mit Blick auf den damaligen Bedarf glaubte man an gute Chancen, zumal die Panzertruppen der Schweiz über Erfahrung mit Jagdpanzern verfügten, etwa mit dem Panzerjäger G13 und den experimentellen Nahkampfkanonen 1 und 2. Zwischen 1980 und 1982 entstand ein vollständiges Funktionsmodell, das die grundsätzliche Einsatzidee demonstrieren sollte: ein tief liegendes, kompakt gebautes Gefechtsfahrzeug mit einer leistungsstarken Kanone in fester Einbauweise.

Trotz der Ambition und einer konsequenten Weiterentwicklung des historischen Jagdpanzer-Konzepts fand das Projekt im In- und Ausland keine Abnehmer. Der Schritt zu kundenorientierten Erprobungen erfolgte somit nie, und der Taifun blieb ein einmaliger technischer Versuch, der die Möglichkeiten und Grenzen der Kasemattbauweise in der Nachkriegszeit exemplarisch zeigt.

Technik

Der Taifun basierte auf einem modifizierten Schützenpanzerfahrgestell mit niedrigem Profil und einem stark gepanzerten Frontbereich. Die Silhouette fiel erheblich flacher aus als bei zeitgenössischen Kampfpanzern, was die Überlebensfähigkeit im Feuerkampf erhöhen sollte. Die Frontpanzerung bot Schutz gegen Maschinenkanonen bis zu 25-mm-Kaliber, während Seiten und Heck primär gegen Infanteriewaffen und Splitter ausgelegt waren. Das Fahrzeug war nicht minensicher, ein Aspekt, der seine taktische Rolle klar auf den klassischen Panzerabwehrkampf aus vorbereiteten Stellungen ausrichtete.

Als Bordkanone war die in der NATO weit verbreitete 10,5-cm-L7 von

Jagdpanzer Taifun II. (GDELS)

Jagdpanzer Taifun II. (GDELS)

Royal Ordnance vorgesehen. Sie ließ sich um 15 Grad nach links und rechts schwenken, sodass kleine Zielkorrekturen ohne Drehen des ganzen Fahrzeugs möglich blieben. Mowag prüfte parallel eine Version mit 12,0-cm-Glattrohrkanone und automatischem Lader. Diese Lösung hätte eine deutliche Feuerkraftsteigerung mit sich gebracht und gleichzeitig einen reduzierten Personalbedarf ermöglicht, da der Ladeschütze nicht mehr erforderlich gewesen wäre. Die Enge des Kampfraums zeigte jedoch, wie herausfordernd die Besatzungsführung in einem kompakten Jagdpanzer sein konnte.

Angetrieben werden sollte der Taifun durch einen 575-PS-Dieselmotor vom Typ Detroit 8V-71T, der eine maximale Geschwindigkeit von etwa 65 km/h ermöglicht hätte. Auf Grundlage des geplanten Gewichts ergab sich ein günstiges Leistungsgewicht. Das Laufwerk mit Stützrollen und seitlichen Schürzen entsprach Mowags bewährter Schützenpanzertechnik und bot gute Geländegängigkeit. Die Besatzung bestand aus Kommandant, Fahrer, Richtschütze und Ladeschütze; der Kampfraum lag weit vorn, um die Bordkanone möglichst stabil einzubinden.

Insgesamt präsentierte sich der Taifun als modernes, flaches und schlagkräftiges System, das jedoch Kompromisse beim Schutz und bei der Besatzungsergonomie verlangte – typische Merkmale von Jagdpanzern in Kasemattbauweise.

Einsatz in der Schweizer Armee

Die Schweizer Armee erteilte dem Taifun keinen Entwicklungsauftrag und zeigte auch später kein Interesse an einer Beschaffung. Zum einen fehlte ein klar definierter Bedarf: Der leichte Panzer 51 erhielt keinen direkten Nachfolger, und der eigentliche Schwerpunkt der mechanisierten Streitkräfte verlagerte sich auf den Kampfpanzer 68 sowie auf dessen spätere Ablösung durch den Panzer 87 Leopard. Zum anderen entsprach das Konzept eines klassischen Jagdpanzers nicht mehr den taktischen Vorstellungen der Schweiz, die zunehmend auf flexible Beweglichkeit, hohen Schutz und mehrseitigen Feuerkampf setzte. Damit blieb der Taifun ein technisches Einzelstück. Zwar präsentierte Mowag das System verschiedenen Stellen, und die politische Diskussion über die Zukunft des Panzers 68 gab dem Projekt zeitweilig Auftrieb. Dennoch kam es nie zu offiziellen Vergleichsfahrten, Truppenversuchen oder Beschaffungsprüfungen. Das Funktionsmodell fand seinen Platz letztlich als Zeugnis einer Entwicklungsrichtung, die in Europa nach dem Zweiten Weltkrieg kaum noch praktische Bedeutung besaß. Im Rückblick steht der Taifun stellvertretend für den letzten Versuch der Schweiz, das Konzept des kanonenbewaffneten Jagdpanzers in Kasemattbauweise in die Moderne zu überführen. Er zeigt zugleich, dass der internationale Trend eindeutig hin zu turmbewaffneten Kampfpanzern und lenkwaffenbasierten Panzerabwehrmitteln führte – Bereiche, in denen die Schweizer Armee ihre Mittel schließlich konzentrierte.

QUELLEN- UND LITERATURVERZEICHNIS

Duncan N.W., Light Tanks Marks I – VI, Profile Publications Ltd, Windsor, Berkshire, 1972
Dunstan Simon, Centurion Universal Tank 1943-2003, Osprey Publishing, Oxford, 2007
Dunstan Simon, Centurion vs. T-55 Yom Kippur War, Osprey Publishing, Oxford, 2009
Haudenschild Martin, Panzer – Sammlung historischer Fahrzeuge, Zentrum elektronische Medien ZEM, Bern, 2016
Haudenschild Martin, Die Beschaffung der Staghound T17, VSAM, Thun, 2013
Haudenschild Martin, Das Panzermuseum Thun, Lehrverband Panzer und Artillerie, Bern, 2007
Haudenschild Martin, Die Entwicklungsgeschichte des Panzer 68, VSAM, Thun, 2006
Habegger Henri, Selbstfahrgeschütze in der Schweiz, Kommissionsverlag Beer, Zürich, 2012
Heller Urs, Die Panzer der Schweizer Armee von 1920 bis 2008, Militär Museum Wildegg, 2008
Hofmann Markus, Fahrzeuge der Schweizer Armee, Verein Schweizer Armeemuseum (VSAM), Thun, 2020
Lenzin Marc, Bühler Stefan, Heer Fred, Forster Peter, Die grossen Panzerschlachten, Motorbuch Verlag, Stuttgart, 2020
Lenzin Marc, Bühler Stefan, Panzer im Kalten Krieg, Motorbuch Verlag, Stuttgart, 2025
Marti Philipp, Die Panzerhaubitze M109, Kommissionsverlag Beer, Zürich, 2014
Ogorkiewicz R.M., Swiss Battle Tanks, Profile Publications Ltd, Windsor, Berkshire, 1972
Prenatt Jamie, M113 APC 1960-75, Osprey Publishing, Oxford, 2017
Sallaz Kurt, Riklin Peter, Band 11: Panzer und Panzerabwehr, Verlag Stocker-Schmid, Dietikon-Zürich, 1982
Scheibert Horst, Hetzer Jagdpanzer 38(t) und G-13, Podzun-Pallas-Verlag, Friedberg, 1979
Spielberger Walter, Panzer 35(t)/38(t), Motorbuch Verlag, Stuttgart, 2013
Stapfer Hans-Heiri, Panzer 38(t)/Swiss LTL-H, Squadron Signal Publications, Carrollton, Texas, 2009
Stoop Daniel, Centurion, Centurion Verein Schweiz, St. Gallenkappel, 2013
Thalmann, Philipp, Die Anfänge der Schweizerischen Panzertruppen, Militärakademie ETH Zürich, 2005
Ware Pat, The Centurion Tank – Images of War, Pen & Sword Military, Barnsley, South Yorkshire, 2014
Zaloga Steven, M109 155mm Self-Propelled Howitzer 1960-2005, Osprey Publishing, Oxford, 2005

Diverse
Lehrverband Panzer und Artillerie, Kommando Versuche / Verbandsausbildung 2

DIE AUTOREN

Marc Lenzin

Marc Lenzin

Geboren 1967 in Bern. Nachdiplomstudium in Unternehmensführung an der Privaten Hochschule für Wirtschaft Zürich. Mitglied der Geschäftsleitung eines internationalen IT-Unternehmens. Militärisch ausgebildeter Panzergrenadier; diente als Kommandant-Stellvertreter einer Panzergrenadierkompanie im Rang eines Oberleutnants sowie als Nachrichtenoffizier (S2) im Stab eines Berner Panzerbataillons im Rang eines Hauptmanns.

Verfasst als Historiker Bücher über Militärgeschichte und Panzerschlachten und ist Mitglied der European Military Press Association (EMPA).

Stefan Bühler

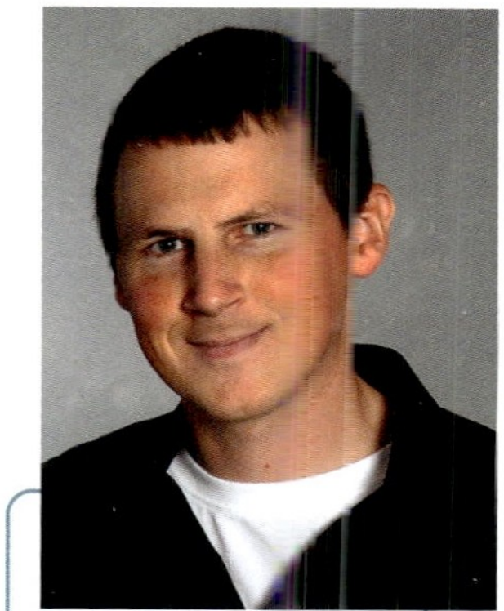

Stefan Bühler

Geboren 1984 in Thun. Berufslehre als Konstrukteur, anschliessend Weiterbildung zum Maschinenbauingenieur FH. Sieben Jahre Berufserfahrung als Projektleiter in der wehrtechnischen Industrie mit Schwerpunkt Panzerbau und Schutzsysteme. Seit 2013 als Kampfmittelbeseitiger bei der Schweizer Armee tätig.

Militärisch ausgebildeter Panzerfahrer und -kommandant (Leopard 2); diente als Zugführer und Kommandant der Panzerkompanie 12/1. Derzeit im Rang eines Majors als Kommandant Stellvertreter in einem Panzerbataillon eingeteilt.

Mitarbeit im Korrespondentenstab der militärischen Fachzeitschrift Schweizer Soldat sowie Vorstandsmitglied der Offiziersgesellschaft der Panzertruppen (OG Panzer).

Gemeinsam verfassten die Autoren im selben Verlag folgende militärhistorische Werke:

Die grossen Panzerschlachten – Von Cambrai bis Desert Storm (2022)
Die israelische Panzerwaffe – Geschichte, Technik, Einsätze (2023)
Panzer im Kalten Krieg – Technik, Taktik, Einsätze weltweit (2025)

WEITERE INTERESSANTE BÜCHER ZUM THEMA

Fesselnd erläutern Marc Lenzin und Stefan Bühler auf Basis aktueller Forschung den Einsatz der Panzerwaffe im Kalten Krieg. Taktik, die Ausbildung der jeweiligen Panzertruppen, eine Darstellung der wichtigsten Befehlshaber sowie zahlreiches Bild- und Kartenmaterial runden das Buch ab.

240 Seiten, 220 Abb., 230x265 mm
ISBN 978-3-613-04820-1
€ 34,90 | € (A) 35,90

Die israelische Panzerwaffe ist eine der Besten der Welt. Fesselnd erläutern Marc Lenzin und Stefan Bühler, auf Basis aktueller Forschung, die Geschichte der israelischen Panzerwaffe, von ihrer Gründungszeit im Arabisch-Israelischen Krieg 1948/49 bis heute.

224 Seiten, 209 Abb., 230x265 mm
ISBN 978-3-613-04509-5
€ 34,90 | € (A) 35,90

Panzerfachmann Rolf Hilmes schildert in diesem umfassenden Band die technologische Entwicklung auf dem Gebiet des Panzerbaus, angefangen bei den ersten Tanks des Ersten Weltkriegs mit noch recht einfacher Technik bis zu den heutigen Kampfpanzern mit modernster Elektronik.

256 Seiten, 250 Abb., 210x280 mm
ISBN 978-3-613-04836-2
€ 39,90 | € (A) 41,10

Kampffahrzeuge von gestern bis heute: Alexander Lüdeke zeichnet in diesem Buch die wichtigsten, bekanntesten, folgenreichsten und spektakulärsten Panzerentwicklungen der letzten 100 Jahre nach.

224 Seiten, 500 Abb., 210x280 mm
ISBN 978-3-613-04710-5
€ 18,95 | € (A) 19,50

Leseproben zu allen Titeln auf unserer Internetseite

Stand Februar 2026
Änderungen in Preis und Lieferfähigkeit vorbehalten.

Überall, wo es Bücher gibt, oder unter
WWW.MOTORBUCH-VERSAND.DE
Service-Hotline: 0711 / 78 99 21 51

Motor buch Verlag

www.facebook.com/MotorbuchVerlag